Costume Jewelry
Glitter of a Glorious Age

时装首饰的美好年代

丁文萱　著

文物出版社

图书在版编目（CIP）数据

时装首饰的美好时代 / 丁文萱著 . -- 北京 : 文物出版社 , 2017.8
ISBN 978-7-5010-5166-3

Ⅰ . ①时… Ⅱ . ①丁… Ⅲ . ①首饰—介绍 Ⅳ . ①TS934.3

中国版本图书馆 CIP 数据核字 (2017) 第 158191 号

时装首饰的美好年代

著　　者 / 丁文萱

责任编辑 / 许海意
摄　　影 / 蒋丹棘
装帧设计 / 谭德毅
责任印制 / 张道奇

出版发行 / 文物出版社
社　　址 / 北京市东直门内北小街 2 号楼
邮政编码 / 100007
网　　址 / http://www.wenwu.com
邮　　箱 / web@wenwu.com
经　　销 / 新华书店
制版印刷 / 北京图文天地制版印刷有限公司
开　　本 / 787×1092毫米 1/16
印　　张 / 13.25
版　　次 / 2017年8月第1版
印　　次 / 2017年8月第1次印刷
书　　号 / ISBN 978-7-5010-5166-3
定　　价 / 180.00元

目录

引　子 / _ 01

第一章 / 摆脱珠宝的束缚：从 Lalique 到 Coco 和 Schiap _ 09

第二章 / 诞生、成长、走向辉煌 _ 49

第三章 / 主要时装首饰品牌介绍 _ 105

参考书目 _ 205

后　记 _ 207

Introduction

引 子

我 20 岁出头时，从邻居伯伯家借到一本书，是德龄女士的《御香缥缈录》。秦瘦鸥先生通俗、生动的译述让我对清朝的“宫闱旧事”，特别是其中有关美容、服饰的内容痴迷不已。我因此常常一个人不辞路途遥远，从城外乘车到故宫，急切地寻找那个时代遗留下来的“蛛丝马迹”，真希望在梳妆台，甚至炕头、角落找到那些璀璨的珠宝！

1987 年秋天的一个下午，我随丈夫去拜望王孖、王亚蓉二位先生。他们是纺织考古方面的专家，也是沈从文老先生撰写《中国古代服饰研究》一书的得力助手。离开喧闹的街市拐进北京特有的老胡同，王孖先生的工作室就挤在一个大杂院的角落里。不足 10 平方米的工作室，堆满了书籍、文稿、资料……王先生面庞清癯，身体羸弱，但谈兴甚高。虽然不时流露出对研究条件窘迫的苦恼，但王孖先生的谈话中洋溢着对中国古代服饰工艺的热爱和赞叹。他曾经亲身经历许多重大的考古发掘，讲起每件服饰出土故事所表现出来的那种焦虑、惶恐、兴奋和激动，让我也仿佛身临其境。不一会儿，王亚蓉先生也进来了。她带来了新鲜的话题：故宫博物院招进一批女孩学习刺绣工艺，由王亚蓉先生教她们做一些刺绣小品。说着，她拿出几个手环给我们看。我几乎是惊呆了：精致的小花朵绣在不同颜色底子的环带上，针线细密地变换花瓣的颜色，盘扣连接环带，看起来非常典雅、精致。这种东方人特有的古韵美感，通过小小的细节，含蓄而清晰地表达出来，真的让我折服！我几乎想立即放弃现有的工作而投身其中。

在看了故宫、定陵的金玉珠翠以后，我期盼着自己也拥有一件小小的首饰。因此，当我得知母亲珍藏着一件祖传的首饰时，我简直不敢相信自己的耳朵。看着我好奇和兴奋的表情，母亲露出一丝得意，她慢慢地从布包中拿出了这件首饰，摆到了我的面前。这居然是一件羊脂白玉挂坠：它被雕成一朵灵芝，灵芝上有一只可爱的小蝙蝠。在圆润的菌盖背面，丝丝菌褶雕刻得栩栩如生。

图版 001：中国明代金饰一套

后来，我出国了。无论在巴黎还是伦敦、纽约、维多利亚，闲暇之际，我最为流连忘返的就是街头巷尾那些不起眼的古董首饰店了。这些古董首饰打破了我脑海里在中国的经历中得到的金玉珠翠的首饰观念，展现给我的是多样的材料、复杂的工艺、丰富的题材和更为时尚的装饰效果。

中国人对于珍珠一向有“七分珠八分宝”的说法，就是说，珍珠越大越珍贵。因此，当我在一对英国老夫妇的古董首饰店里初识“米珠”时，我都不知道它到底是什么。然而，米珠那脆弱的美和莹润的纯洁让我立即生出怜香惜玉般的怜爱。老人告诉我，这是维多利亚时代留下的一套米珠首饰，包括项链、胸针和一对耳环，经过百年，仍保留在原配的首饰盒里，十分难得。我后来经过研究得知，米珠是来自东方的一种微小的天然珍珠，直径小于两毫米，重量相当于一颗麦粒的四分之一。这些微小的珍珠常常用白色马尾串起来，在随形的贝壳上构成犹如蕾丝般错综复杂的设计。这套米珠首饰买回来以后，每每看着它们，我脑海里浮现的都是小木屋里，缕缕阳光或昏暗的烛光下，男孩和女孩凭借灵巧的双手和敏锐的双眼，耐心地串插米珠的情形。我也常常想象着，新娘佩戴象征纯洁的米珠首饰时的喜悦心情。

图版 002：中国清代 61 克拉蓝宝石戒指

图版 003：中国清代蝙蝠灵芝玉挂坠

图版 004：
米珠项链，耳环，胸针一套

第一次见到祖母绿，是在一个很小的首饰作坊里。进了这里，仿佛回到了两个世纪以前，烛光般的灯光下到处摆满了手工工具。一位操着伦敦腔的老人摘下眼镜，解下围裙，乐哈哈地起身前来与我打招呼，显然他既是工匠又是店主。我问他是否有老首饰，其实，我完全是被橱窗里一枚祖母绿戒指吸引进来的。这枚祖母绿戒指摆在橱窗的显眼位置，它绿幽幽的光芒射进我侧视的眼帘。老人笑着告诉我，最近刚刚收到一枚祖母绿戒指。他从橱窗内拿出这枚戒指，向我介绍说，这是一颗 3.3 克拉的祖母绿戒指，在这颗祖母绿宝石周围，镶嵌着 14 颗小钻石，根据它的切割及镶嵌方式，应该是上个世纪 20 年代制作的。我用放大镜仔细观看着这颗祖母绿"花园"的秘密。评价宝石的价值，常常以重量、净度、切工、颜色等做标准，然而，对于祖母绿来说，它的美好就在"杂质"之中，法国人将犹如穿行在花草之间、绿茵之上的"杂质"称为 Jardin 的秘密。经过人工加热、油浸，祖母绿固然得到了透明的净度，却失去了它最天然的、独特的纹理和色彩。买下这枚祖母绿戒指以后，我便经常"窥视"它的花园秘密。

图版 005：祖母绿原石

价格，常常深深地吸引着我，令我几乎是毫不犹豫地把它们“攫为己有”。每当我晚上回到家中，把这些璀璨的玻璃首饰摊在桌子上仔细欣赏时，都会回想起我 20 多岁的时候曾经做过的一个梦。梦中，我从楼上走下来，发现地板上零星撒落了一些小首饰。随手捡起一只，粉色的、亮晶晶

“不爱江山爱美人”的温莎公爵及公爵夫人在首饰方面有着极高的造诣。这种造诣不仅仅来自于温莎公爵皇家的欣赏品位，更多地来自于他们对美的追求。实际上，温莎公爵夫人几乎不佩戴皇室遗留的首饰，而是佩戴那些能彰显时尚、性格并且有情感的首饰。这些首饰，与皇室传统的首饰相比，“内在价值”大都是比较低的，例如使用半宝石或非宝石；即使使用宝石，也往往是小块的。1987 年愚人节的第二天，苏富比在瑞士日内瓦举办了一场温莎公爵夫人首饰拍卖会，人们从中可以饱览温莎公爵夫人那些曾经引领欧美时尚的、光彩夺目的首饰。后来，当我拥有这场拍卖会中温莎公爵夫人佩戴过的珊瑚颈链时，那种满足感、幸福感难以言表！

其实，在街头巷尾的小古董店或小首饰店里，最吸引我的是那些设计新颖、价格低廉的玻璃首饰。这些玻璃首饰往往造型别致，颜色富丽，显示出非常随意、自由的创作风格，而与珠宝首饰相比低廉的

图版 006：温莎公爵夫人及佩戴的珊瑚颈链
卡地亚巴黎 1949 年。

的宝石花，当我仔细察看时，原来是粉色玻璃做的，但是小巧精致，叫人爱不释手。我心里一美竟然醒了，原来是空梦一场，懊恼不已。这个梦境是如此地清晰而明确，以至于难以忘记，但我一直不明白，这玻璃首饰到底从何而来，因为在80年代以前，我根本没有接触过玻璃首饰，甚至不知道世界上竟然有玻璃做成的首饰！

图版007：兰花银胸针
施珐琅釉，嵌白铁矿仿钻石，花蕊可活动。
20世纪20年代。

我最初对这些玻璃首饰完全出于好奇和好玩，既没有打算认真收藏或研究它们，也没有把它们当成“首饰”，因为在我的观念之中，“首饰”就是珠宝。然而，随着店逛多了，玻璃首饰看多了，我渐渐发现，有相当一部分老的玻璃首饰做工非常讲究，规矩谨严，甚至采用与钻石镶嵌完全相同的工艺，例如爪嵌。后来，我被告知，这些做工讲究的玻璃首饰大都是20世纪四五十年代的作品，它们又被称为“时装首饰”。

由于对珠宝首饰比较了解，我经常在时装首饰中惊讶地发现一些类似的设计。我后来从学习中得知，从20世纪30到50年代，许多时装首饰的设计师最初都是珠宝首饰设计师，他们甚至来自像Cartier（卡地亚）、Tiffany（蒂芙尼）、Boucheron（宝诗龙）、Van Cleef & Arpels（梵克雅宝）这样的老牌公司。他们往往采用极为明亮的莱茵石仿制钻石和各色宝石，加之非常优异的镀金、镀铑工艺，远远望去，这些时装首饰有时真让人难分真假。他们往往还采用古老的施釉工艺，以增强首饰缤纷的色彩，并配以自由、大胆、浪漫的设计，其美轮美奂的装饰效果就连一般的珠宝首饰也难以匹敌！

图版 008：Boucher 金色首饰一套
镶嵌莱茵石仿钻石、红宝石。
设计专利号 151499，1948 年。

图版 009：Boucher 琴鸟胸针
镀铑，施红绿釉，镶嵌透明莱茵石。
1940 年。

我流连忘返于街头巷尾的那些小首饰店、小古董店的另外一个重要原因是，店主大都是非常平和、耐心的老人，他们往往会详细地讲解每一件我感兴趣的小首饰。在巴黎或伦敦的大牌店，顾客固然可以享受到无微不至的服务，但是更多的是面对“推销员”，很少能遇到像小店主这样经验丰富、知识渊博、对古董首饰满怀喜爱的人士。有些店主甚至会把他们使用、阅读的专业书籍借给我。后来，我也陆续从网上订购有关的书籍。我从未料到，关于“时装首饰”居然出版了这么多的专业书籍。我也从未料到，在每一件重要的时装首饰设计的后面，居然有这么多大师，居然有这么多故事，时装首饰居然是西方首饰历史中不可逾越的一段！一边看着书，一边看着首饰，我隐隐约约感觉到，每件首饰的工匠和设计师正在默默地与我对话，此时此刻，我的双眼常不觉噙满了泪水。

我把多年来收藏时装首饰的体会和从书籍中得到的知识整理出来，希望与所有爱好首饰的读者分享。

Chapter One
Reinventing Jewelry
From Lalique to Coco and Schiap

第一章
摆脱珠宝的束缚
从 Lalique 到 Coco 和 Schiap

非珍贵材料的使用

时装首饰是一种使用非珍贵材料制作的首饰。虽然非珍贵材料用于首饰制作有着悠久的历史，甚至首饰的历史就是从使用非珍贵材料开始的，但是 20 世纪意义上的现代时装首饰则产生于一个极为看重珠宝首饰的历史环境中，这就需要经过一系列的变革才能使时装首饰从这一环境中脱颖而出。

最直接的变革开始于利用非珍贵材料仿制宝石。1675 年，英国商人 George Ravenscroft（乔治·雷文斯卡）发明了在玻璃中融入铅的配方，这种融入铅的玻璃不仅硬到可以切割的程度，而且大大增加了玻璃的清晰度和明亮度，使得玻璃像水晶一样晶莹透彻，因此称为含铅水晶玻璃。这一发明最终引发了含铅水晶玻璃用于首饰的制作。

然而，真正使首饰所用玻璃获得重大变革的是 Georges Strass（乔治·施特劳斯）。他通过在玻璃中添加铋和铊这一方法增强玻璃的折射率，并相应地改变玻璃的颜色，由此生产的玻璃可以达到与宝石乱真的程度。从 1730 年开始，Georges Strass 又全力研究用玻璃仿制钻石并获得成功。为了纪念他的贡献，这种仿佛莱茵河水晶石的玻璃，虽然在英语中称为 Rhinestone，但在法语等许多欧洲语言中又称为 Strass。Georges Strass 在巴黎开设的玻璃首饰店非常著名，他所研发的仿宝石和仿钻石也深受法国路

图版 010：Eisenberg 挂坠项链及耳夹
镀铑，爪嵌，莱茵石仿钻石，圆形、泪滴状及橄榄状等多种切割，
1949~1958 年。

易十五朝廷的喜爱，他还因此在 1734 年被任命为国王的首饰师。

1891 年，施华洛世奇发明了一种全新的玻璃切割工艺，首次使用机械而不是像以前那样用人力切割出有光滑切面的玻璃。含铅高达 32% 的玻璃经过新式切割后，所反射光泽无以伦比。这一发明引起了首饰业翻天覆地的变化，莱茵石（玻璃）从此成为时装首饰的基本材料。

莱茵石的优点是显而易见的。首先，与钻石等各种宝石相比它价格非常低廉。其次，由于人工制造，它没有大小和形状的局限。再次，佩戴莱茵石首饰比珠宝首饰更为安全。由于种种优点，到 18 世纪晚期，莱茵石作为首饰的一种基本材料已经被广泛接受。正如美国首饰博物馆创始人 Peter Cristofaro 所说："钻石是永久的，但莱茵石却是为每个人的。"

莱茵石还赋予了首饰设计师创作更大的自由度，由此促进了首饰技艺的发挥和提高。由于不受成本的限制，并且几乎所有的宝石都可以用莱茵石仿制，首饰设计师们可以在莱茵石上随心所欲地尝试在钻石等珍贵材料上难以想象的切割、镶嵌和搭配方式，从而将设计师的注意力从材料转向设计和创作。这也就意味着，首饰可以从艺术性而不再从所谓的“内在价值”上欣赏。因此，那些体现出高超、新颖技艺水准的玻璃首饰会变得像珠宝首饰一样珍贵。这就不难理解，为什么在20世纪初期，高档珠宝首饰商爱丝普蕾会将玻璃首饰与珠宝首饰在伦敦著名的庞德街上同窗共售，首饰广告词也不在意它是高铅玻璃仿制的钻石还是真正的钻石，甚至像卡地亚这样的高档珠宝首饰商那时也会使用高铅玻璃制作首饰。

如果说玻璃在首饰中的使用完全出于对宝石的模仿，那么19世纪晚期以来塑料的使用对于首饰来说则不亚于一场革命。赛璐珞塑料（又称假象牙）出现于1867年，它是最早具有实际生产意义的塑料。胶木塑料出现于1907年，它是一种合成树脂，因为具有优良的化学、机械、物理特性而取代了赛璐珞。20世纪20年代以来，各种合成塑料工艺成熟起来，出现了仿珍珠、琥珀、牛角、象牙、玳瑁、珊瑚等一系列产品，这无疑极大地丰富了首饰材料的选择范围。然而，塑料远不啻一种材料。正如它的名字一样，塑料是一种雕塑材料。无穷的变换赋予了首饰设计师各种造型创作的机会，因此也赋予了塑料首饰以更强的艺术性。

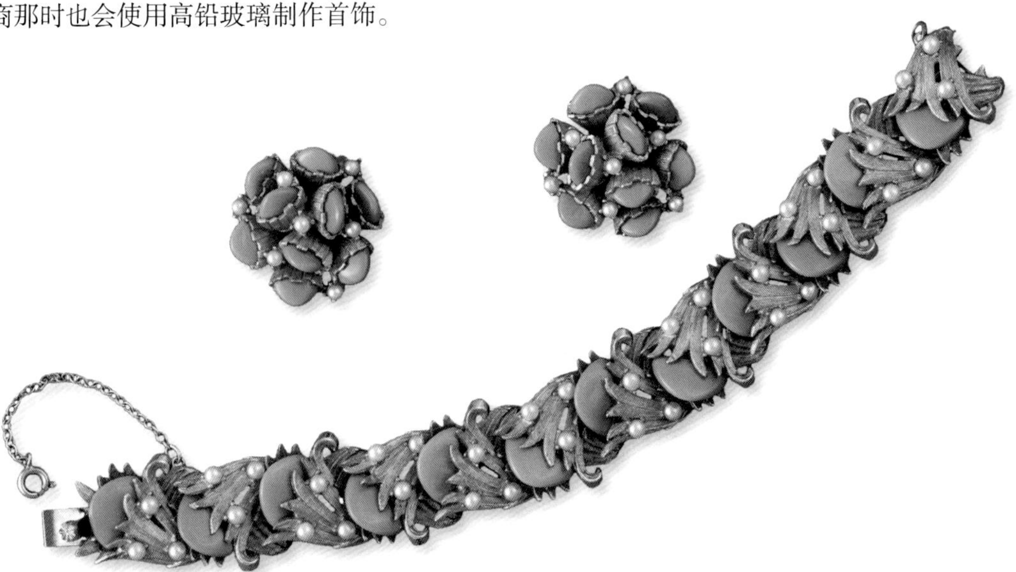

图版 011：Boucher 金色花形手镯及耳夹
塑料仿珍珠、珊瑚。
1955~1960 年。

❀ 塑料根据对热的反应可以分为两类。热塑的，即可塑性可以长期保持的，天然塑料和赛璐珞属于这一类；热固的，即一经成形便不可再塑的，例如胶木塑料。制作塑料首饰时，塑料浇铸成形，然后须由手工完成最后的工艺。

向日本的学习使得在欧洲早已失传的彩釉工艺到19世纪晚期再次复兴起来。巴黎重要的首饰商Boucheron（宝诗龙）使用透明釉工艺设计了一系列奇妙的首饰，这些首饰对于日后的Art Nouveau（新艺术运动）有着重要的影响，而彩釉工艺也为丰富首饰的表达手段作出了贡献。

❀ 釉与玻璃的基本成分相同，因此有类似的属性。施釉法主要有三种：Cloisonné，即珐琅釉，纹饰由许多金属格组成，每一格使用一种颜色的釉；Plique-à-jour，即透明釉，纹饰下不使用底板因此透明；Champlevé，纹饰刻在金属底板上，然后灌入釉彩。

早在1656年，法国人就发明了仿制珍珠的方法。到20世纪初期，享有盛誉的“巴黎珍珠”已经达到以假乱真的程度。有一则未经证实的故事可以为此做注脚。20世纪初的著名歌星和舞星Gaby Deslys在邮轮上与作为情人的葡萄牙国王发生了不愉快的争吵。气急败坏的Gaby Deslys扯下脖颈上

图版012：Trifari百合花胸针
镀铑，镶嵌莱茵石仿钻石，施红、绿珐琅彩釉，专利号125422。1941年。

的珍珠项链扔到了大海里。后来，为了表示悔意，国王送给了Gaby Deslys一套很长的珍珠项链。殊不知，沉睡在大海里的那条项链竟是仿制珍珠！

法国无疑是使用非珍贵材料制作首饰的摇篮。1767年，巴黎就出现了“假首饰商同业公会”。几年以后，该同业公会的登记会员就达到314名。1873年，法国出现了“假首饰商会”，1926年还出版了专刊Parures。法国人将使用非珍贵材料制作的首饰称为“奇异首饰”，准确地表达了这些首饰设计的创造性和材料的多样性。意大利也是使用非珍贵材料制作首饰的重镇。这个在威尼斯有着悠久玻璃艺术传统的国家，随着工业革命的发展，很容易地催生出一批从

图版 013：Vendome 仿珍珠项链
花形项链扣镀铑，嵌莱茵石仿钻石、祖母绿。
1953~1955 年。

事艺术首饰创作的设计师，如 Fortunato Castellani、Carlo Giuliano（盖洛·朱莉亚诺）、Giacinto Mellilo。他们设计的首饰具有很低的内在价值但却极为美丽，深受具有反叛精神妇女的喜爱。有些妇女甚至号称，要么什么首饰都不戴，要么就只戴 Castellani 等人设计的艺术首饰！

珠宝首饰的发展

长久以来，首饰都是表达优雅与奢华的艺术，而这种奢华主要是通过珍贵材料表达的，例如黄金首饰就有着悠久的历史。到 17 世纪，首饰自文艺复兴以来的雕塑性逐渐减弱，宝石开始在首饰中占据主导地位。18 世纪早期，随着巴西钻石矿的发现，钻石逐渐流行。蜂蜡蜡烛的广泛使用使室内照明得以改善，刺激了对闪烁钻石的需求，由此导致了明亮切割法的进步，切割钻石遂为首饰的首选。在 18 世纪中叶的欧洲，钻石首饰成为宫廷生活的标志，拥有和展示高档珠宝被认为是贵族的基本要求。

到 19 世纪早期，由于大量使用钻石和各种宝石，珠宝首饰已经呈现出一派光彩艳丽的面貌。19 世纪 70 年代，南非钻石矿的发现为钻石首饰的大发展无疑起到了推波助澜的作用。丰富的钻石供应，还直接促进了各种切割工艺的发明，使得钻石的形状不再屈从于晶体，而是更多地取决于光线的反射与折射。这样虽然浪费石料，却使钻石获得更为明亮的效果。随着工业革命的进步，19 世纪不仅发现了许多新的宝石矿藏，而且还发现了许多新的宝石品种，这无疑从数量和品种上进一步推动了珠宝首饰的繁荣。到 19 世纪末，钻石等各种宝石首饰的消费已经达到了前所未有的水平。

铂金虽然很早就被人类发现，但一直都很少使用。随着新加工工艺的发明，这种极坚硬的稀有金属在首饰上的使用在 19 世纪末终于普遍起来，它最终取代长久以来使用的银而成为镶嵌钻石的最佳金属。

到 20 世纪初，对珍珠的欣赏达到了最高潮。珍珠甚至成为权力、地位和财富的象征。人们很难抗拒珍珠那种隐约的、乳白色的魅力。Vogue 杂志称，搭配服饰时，珍珠永远是正确的！那么，珍珠到底有多么珍贵呢？现在矗立在纽约第五大道 651 号的一座新文艺复兴风格的建筑，就是美国著名建筑师 Robert W.Gibson 于 1904 年为美国金融家 Morton F.Plant 设计建造的。1917 年，Morton F.Plant 将这座大厦以两串珍珠项链外加 100 美金的价格卖给了正在美国扩张的

图版 014：钻石切割示意图
钻石切割形状从早期的尖形（Point Cut）、桌型（Table Cut）、到晚期的老欧洲切割（Old European Cut）和现代圆形明亮切割（Modern Round Brilliant Cut）。莱茵石切割方法与钻石类似，但几乎没有老欧洲切割等老式切割方法，而经常采用明亮切割或更为新潮的切割方式，例如棍状。

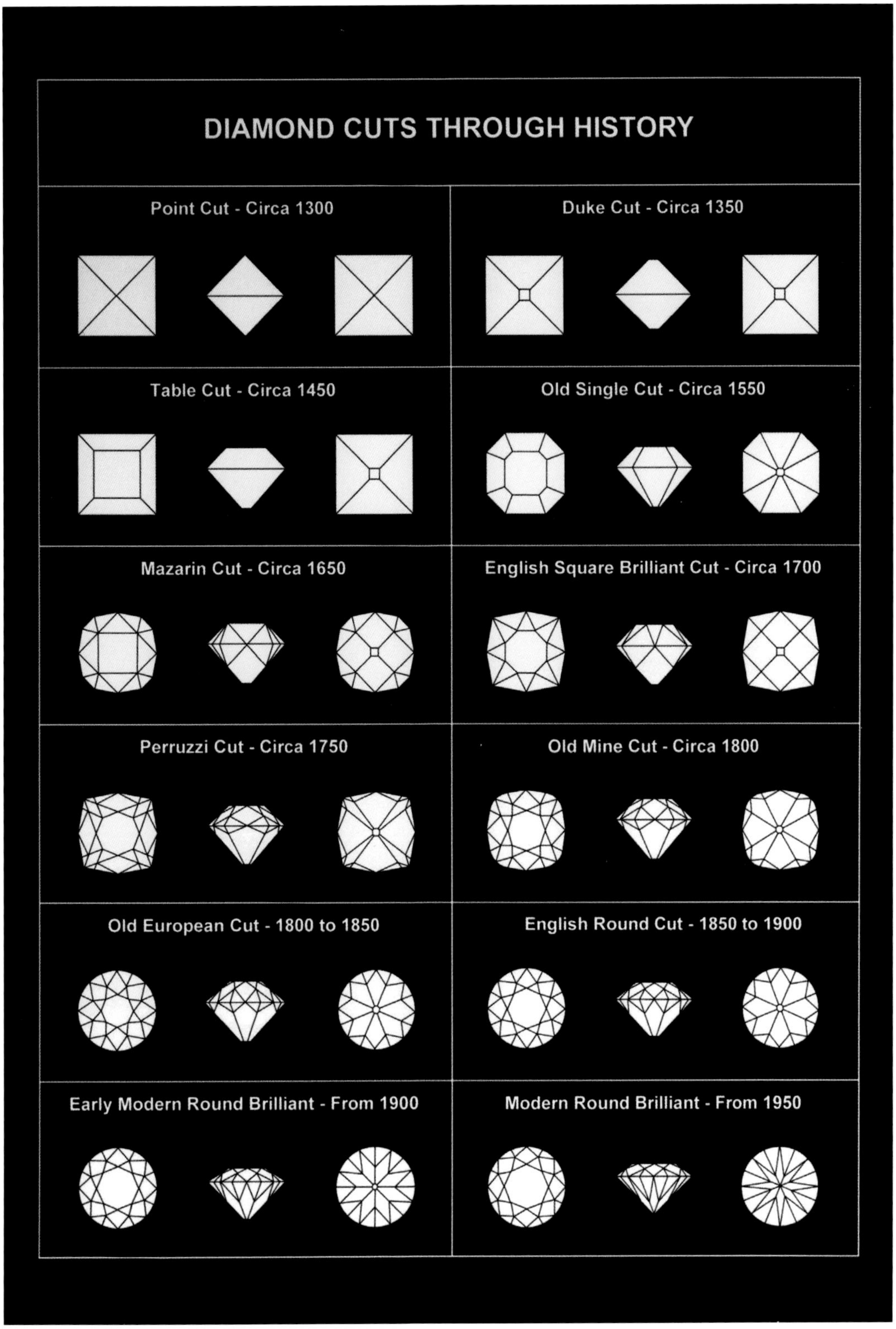

DIAMOND CUTS THROUGH HISTORY

Point Cut - Circa 1300	Duke Cut - Circa 1350
Table Cut - Circa 1450	Old Single Cut - Circa 1550
Mazarin Cut - Circa 1650	English Square Brilliant Cut - Circa 1700
Perruzzi Cut - Circa 1750	Old Mine Cut - Circa 1800
Old European Cut - 1800 to 1850	English Round Cut - 1850 to 1900
Early Modern Round Brilliant - From 1900	Modern Round Brilliant - From 1950

图版 015：纽约第五大道 651 号卡地亚大厦

法国首饰商 Cartier（卡地亚），由此可想而知当时珍珠的价值。现在，这座位于纽约第五大道黄金地段的大厦仍然一如既往地接待着来自世界各地的卡地亚的顾客。

19 世纪末 20 世纪初的“美好时代”或爱德华时期，欧美上层社会继续保持着一种奢华的生活方式。由铂金、钻石、珍珠组成的“白色样式”，极大地促进了这一时期“花边风格”的流行。这种以钻石精致排列为特征，具有严格对称性的“白色样式”成为高档珠宝首饰商如卡地亚的标志，深受欧洲皇室、贵族和美国新贵的欢迎，因为他们很愿意用这种含有路易十五和路易十六味道的风格来显示或炫耀其显赫地位。

Art Nouveau（新艺术运动）

尽管到 19 世纪末 20 世纪初，非珍贵材料虽已大量用于首饰制作，在整个首饰领域，占主导地位的仍是珠宝首饰，使用非珍贵材料的首饰尚处在一种依附、从属的地位。仅仅从名称上，我们就可以知道这一点。法国人长久以来就把使用非珍贵材料的首饰称为“假首饰”或者“模仿首饰”。到 1907 年，美国才用 Costume Jewelry 一词取代 Imitation Jewelry，但那时这一新的词汇仍仅仅指“舞台服饰”。

现代时装首饰的产生看来仍然需要继续的变革——一种观念上的变革。只有这样，时装首饰才能完成角色上的转变。Art Nouveau 提供了这场变革的契机。

Art Nouveau 是 19 世纪末到 20 世纪初出现的一场短暂而强烈的装饰艺术革命。它最早滥觞于英国的美艺运动，稍后兴盛于法国，然后广泛流行于欧洲多地。这场艺术革命虽然在世界各国有不同的名字，甚至略有不同的表现，但基本特征都是通过一种婉转

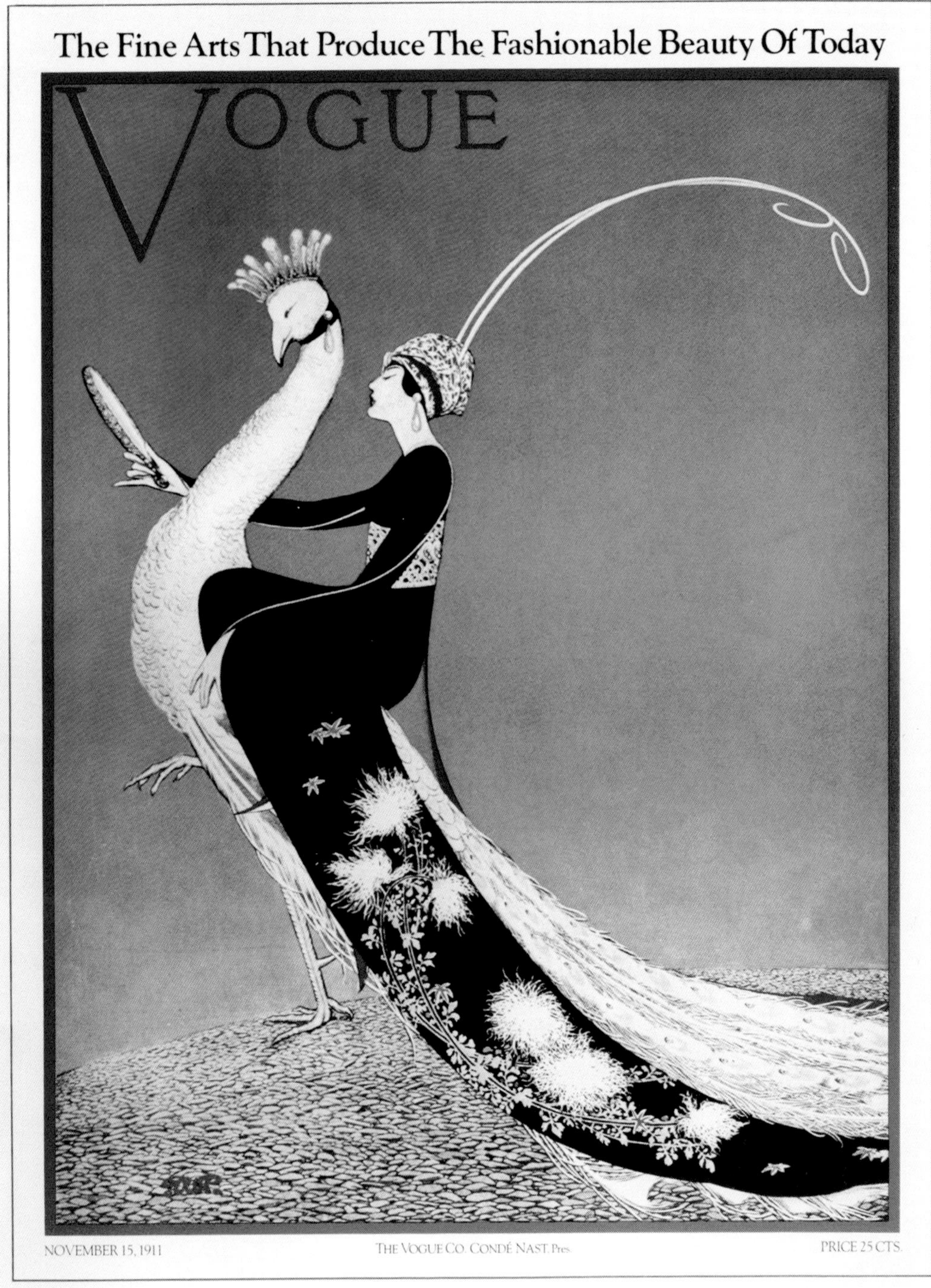

图版 016：20 世纪初时尚广告组图

优美的线条来表达人物、动物、植物等生物的美感。由于这种表达方式前所未有，因此 Art Nouveau 在本质上就是追求一种全新的表达方式。印象派是 Art Nouveau 风格出现的艺术背景。

20世纪初时尚广告组图

贾樟柯2010年电影纪录片《海上传奇》称上海曾有Art and Craft公司，中文名为“美艺公司”。据说，叶恭绰在上海沦陷后曾将包括毛公鼎在内的文物寄存在公共租界内的这家公司里。“美艺”是Arts and Crafts最好的翻译。Art Nouveau这一名称来自于Siegfried Bing在巴黎的艺廊L'Art Nouveau，它专门经营现代艺术品，后来大力推动Art Nouveau风格。Art Nouveau在英国被称为Modern Style，在德国称为Jugendstil，在意大利称为Stile Liberty，在西班牙称为Modernisme，在奥地利称为Sezession Style，在法国最初被称为Le Style Moderne。

New York
Winter Fashions
VOGUE
Nov. 1 • 1921
Price • 35 Cents
The Vogue Company

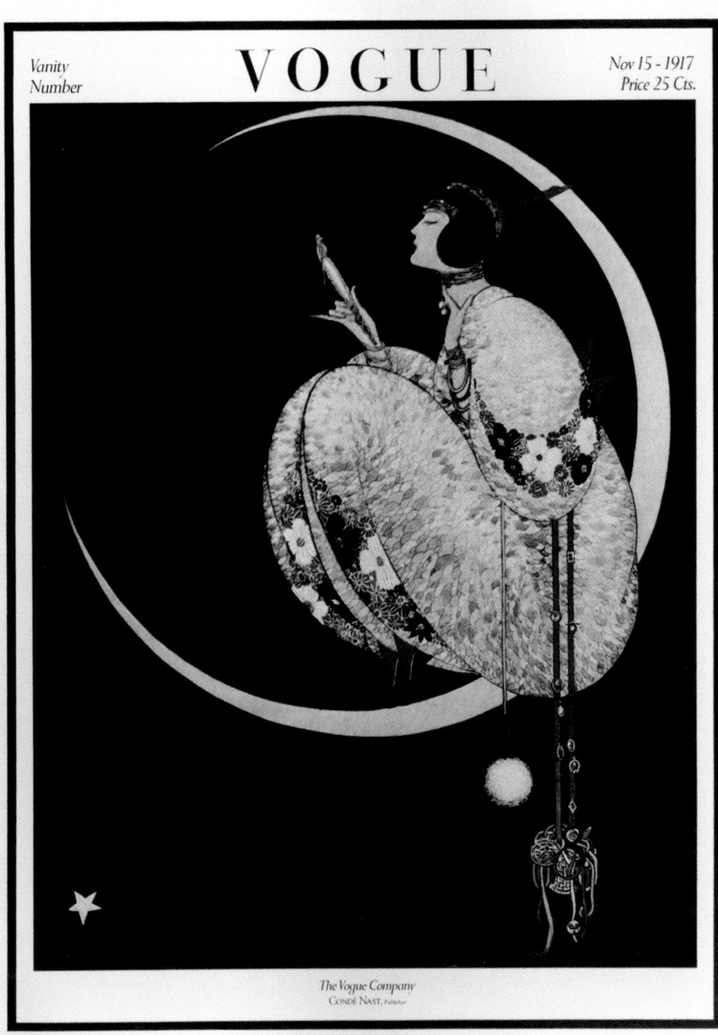
Vanity
Number
VOGUE
Nov 15 - 1917
Price 25 Cts.
The Vogue Company
CONDÉ NAST, Publisher

VOGUE
FASHIONS
FOR THE TRAVELER
EUROPEAN INTERESTS
JUNE 15, 1913

VOGUE
Autumn Fabrics & Original Vogue Designs
September 1 - 1924
Price 35 Cents

Hot Weather
Fashions Number
VOGUE
Price 35 Cents

Summer Fashions
Number
VOGUE
June First 1919
Price 35 Cts.

Art Nouveau 吸引了包括 Alphonse Mucha、Henri Vever、René Lalique、Georges Fouquet 在内的一大批优秀的首饰设计师，首饰遂为 Art Nouveau 影响最为深远的领域之一并因此而发生剧烈的变化，而 René Lalique 无疑是其中最伟大的人物。实际上，如果你不理解 René Lalique，你就不能理解旧世纪的首饰是如何结束的，也就不能理解新世纪的首饰是如何开始的。

René Lalique 最初在巴黎接受绘画方面的训练，后来在伦敦继续学艺，并在此期间接触了英国的美艺运动。除了绘画，他还学习了金工、雕塑、彩釉、玻璃等技术。全面的训练对于他日后的首饰设计非常重要。在首饰设计中，René Lalique 热衷于表现长发柔情的女人、枯败凋落的枝叶以及奇形怪状的昆虫、鸟、蛇等动物。为了最好地表现出女人在长发中散发出的那种成熟诱人的性感和优雅，枝叶在枯败凋落中所显示出的那种沉寂失落的情调，昆虫、鸟、蛇在扭曲翻动中所表现出的那种惊艳的、充满活力的美，具有丰富想象力的 René Lalique 动用了各种各样的材料，包括玻璃、牛角、玳瑁、象牙、玉髓、水晶、紫晶、玛瑙、青玉、螺钿、钻石、珍珠、蓝宝、金、银等，并将这些材料创造性地结合在首饰设计之中。有些半宝石，如欧泊 、海蓝宝、猫眼石、月亮石、亚历山大石，那种沉静的色泽和微妙的变幻非常适合产生出一种深邃的、奥妙的感觉。他还采用各种透明的和不透明的彩釉工艺，在蓝、绿、白三种色调所呈现的乳白色和天蓝色之间达成一种清澈的、温馨的、霞光般的和谐，在浅淡柔和的色彩和不同光线下营造出一种迷人的、梦幻般的境界。René Lalique 的这种表现方式使首饰摆脱了 19 世纪中叶的自然主义那种对自然仅仅进行具象的、模仿性的表达，经过夸张处理，在很大程度上融入了艺术性的幻想，从而达到对自然进行诗一般地、有启迪地深度解读。这种表现方式还改变了首饰设计的重点，使得首饰脱离了贵重宝石对称排列的窠臼，转而趋向于绘画般的构图，宝石不仅较少使用而且更多地置于釉彩描绘的构架之上。René Lalique 设计的首饰能够产生一种强烈的感官快觉，具有一种戏剧化的、象征性的、令人惊悸、震撼的效果。后来，这些大胆的、原创的首饰在国际展览上获得了极大的成功。

图版 017：René Lalique 首饰，蜻蜓女 1897~1898 年。（Calouste Gulbenkian 博物馆藏）

在 René Lalique 的首饰中，颜色和材料的搭配、线条和造型的设计、图像和构图的布置都是史无前例的，他创造出一种全新的材料语言和全新的美学风格。这种创造性来源于 René Lalique 首饰创作中最基本的观念："艺术至上、材料平等"，或者说"艺术超越价值"。在这些首饰中，设计师以自然为灵感的来源而不再围绕宝石；一切有助于表达灵感的手段都可以引入而不只是珍贵材料；所有珍贵的和非珍贵的材料都处在相同的地位，都服从于首饰的艺术设计。这就破除了 200 多年来宝石在首饰中占据的主导地位，将宝石从首饰的宝座上拉下来

图版 018：René Lalique 首饰：蝉形胸针
1900~1905 年。

图版 019：René Lalique 首饰：蛇形项链
20 世纪 80 年代。

而换上艺术，使得宝石不再是确定一件首饰价值的必要和充分条件。René Lalique 通过美学的效果和精湛的工艺向公众展示出一件首饰的价值，而不是通常的宝石，他甚至完全以玻璃为材料制作首饰。通过将首饰师从珍贵材料的束缚中和传统设计的约束中解放出来，使他们像艺术家一样发挥梦幻般的想象力，真切地表达自己在世纪之交所发生的失落和迷惘、不安和恐惧（“世纪末情绪”）、幻想和希望等情感，从而使他们从宝石的镶嵌者变为艺术的创造者。

在社会经济的背景上，从 19 世纪末到一战爆发前夕的“美好时代”，欧洲非常繁荣，装饰艺术非常兴盛。女士们摆脱了紧身胸衣的束缚，而女性社会地位的提高和自我认知态度的变化使得女士不再是丈夫表现财富的橱窗。已经适应工业化快速发展的，口味易变、生活躁动的资产阶级妇女，对于那些传递美学品位、道德规范和文化含义的首饰已经开始厌倦了，她们甚至对于像 Castellani（卡斯特拉尼）那样有文化修养的首饰设计师所进行的缓慢实验也已经不耐烦。随着珍贵材料的大量发现，她们对于珍贵材料本身也多少有些习以为常了，她们已经沉醉于巴黎的时尚生活方式并且为装饰方面的新发展所吸引，例如 Art Nouveau。这些资产阶级妇女必须通过对首饰艺术性和创造力的主张，来抗衡皇室和贵族社会的珠宝首饰遗产。因此，首饰设计师

图版 020：花朵银胸针
施珐琅釉，嵌白铁矿仿钻石，花蕊可活动，
Art Nouveau 风格。
20 世纪 20 年代。

们在“美好时代”面临的挑战是如何使首饰设计本身获得惊人的效果或者说足够抗衡的力量，Art Nouveau 首饰无疑正是响应这一挑战的产物。

René Lalique 是首饰设计的颠覆者，他的作品与同时代的首饰设计大相径庭。他将首饰带入真正艺术的领域，预示着一个新首饰世界的诞生，由此深刻地影响了 20 世纪时装首饰的发展轨迹。这种影响在很大程度上不是在材料、工艺等技术层面，而是在观念上，就是使首饰不再是财富的符号而只是个人的装饰、时尚的附庸和艺术的表达手段，因此使时装首饰不再仅仅因为使用非珍贵材料而处在奴婢般的地位。这就为时装首饰下一步被公众普遍接受并进入批量生产破除了障碍。

机械化及批量制作

只有使用非珍贵材料，首饰才能大批量制作，而时装首饰正是一种批量制作的首饰。如果说首饰采用非珍贵材料有着相对长久的历史，那么相比之下，首饰的大批量制作则是非常晚近的事情。首饰从个人的、小众的迈向大众的、多阶层能普遍接受的装饰手段，不仅需要观念上的突破——这在很大程度上得益于 Art Nouveau 的理念和实践，而且需要具备机械化的生产条件——这直到工业革命晚期的机械时代甚至一战以后才出现在欧美诸国。

与以往许多艺术运动不同的是，Art Nouveau 主张向前看，向未来看，而不是向后看，向过去看。这使得它虽然根源于英国的美艺运动，但并没有继承美艺运动早期以 John Ruskin 为代表的那种回归中世纪的主张和对现代工业化的排斥。相反，它张开双臂欢迎机械化、批量化、甚至商业化。实际上，不只 Art Nouveau，晚期的美艺运动也认识到，设计可以成为批量生产的基础。因此，在整个欧美，首饰设计师们都尝试将设计优美、工艺精湛的首饰以数量多、价格低的方式制作出来。

虽然首饰业相比其他行业更能容忍手工制作，从 19 世纪中期以来，仍有越来越多的机械和新机械投入到首饰业之中。到 20 世纪早期，机械的使用在非珍贵材料首饰制造业已经非常普遍了。在法国，Rouzé 制作的首饰虽仍采用手工打磨以最好地表现出细节，但其金属构件都是用机械冲压出来的。Savard 生产的徽章首饰虽然手工镂刻，但圆片通过机械才得以大量复制。在英国，Birmingham（伯明翰）是工业化的重镇，Art Nouveau 时期这里的首饰制造业非常兴盛。Liberty 公司不断提醒那些前卫的首饰设计师，他们的作品最终会用机械大批量生产。实际上，这家公司推出的 Cymric 首饰系列就是为批量生产设计的，那些首饰上显示美艺运动特征的手工锤击痕迹实际上都是通过模具复制的。如果说 Liberty 公司还在尽力维护手工制作的标志并且保持适度的批量生产，那么，Horner 公司在一战前就已经是大批量机械生产的先锋，首饰从设计直到最后的工序都是在工厂里完成的，这家公司甚至从德国进口最先进的机器。在捷克，Gablonz 是历史悠久的玻璃加工中心，这里采用机械手段大量复制来自巴黎、伦敦的艺术首饰设计。

在美国，直到 Art Nouveau 时期都没有什么令人称道的首饰商，Tiffany（蒂芙尼）大概是唯一的例外，它是美国在 20 世纪初期唯一跟得上欧洲时尚界的首饰商。这家后来通过电影 Breakfast at Tiffany's（蒂芙尼的早餐）而家喻户晓的首饰商受 Art Nouveau 运动的影响，将珠宝与非珍贵材料结合起来制作首饰，而 Louis C. Tiffany 本人对于机械则有着良好的印象，他相信使用机械可以做出很美丽的作品。蒂芙尼有两个生产基地，一个在新泽西州的 Newark，一个在罗德岛的 Providence（普罗维登斯）。到 1900 年前后，这两个生产基地的首饰业已经达到非常发达的地步。Providence 后来成为现代时装首饰产业的发源地。

许多研究都认为，机械化和商业化最

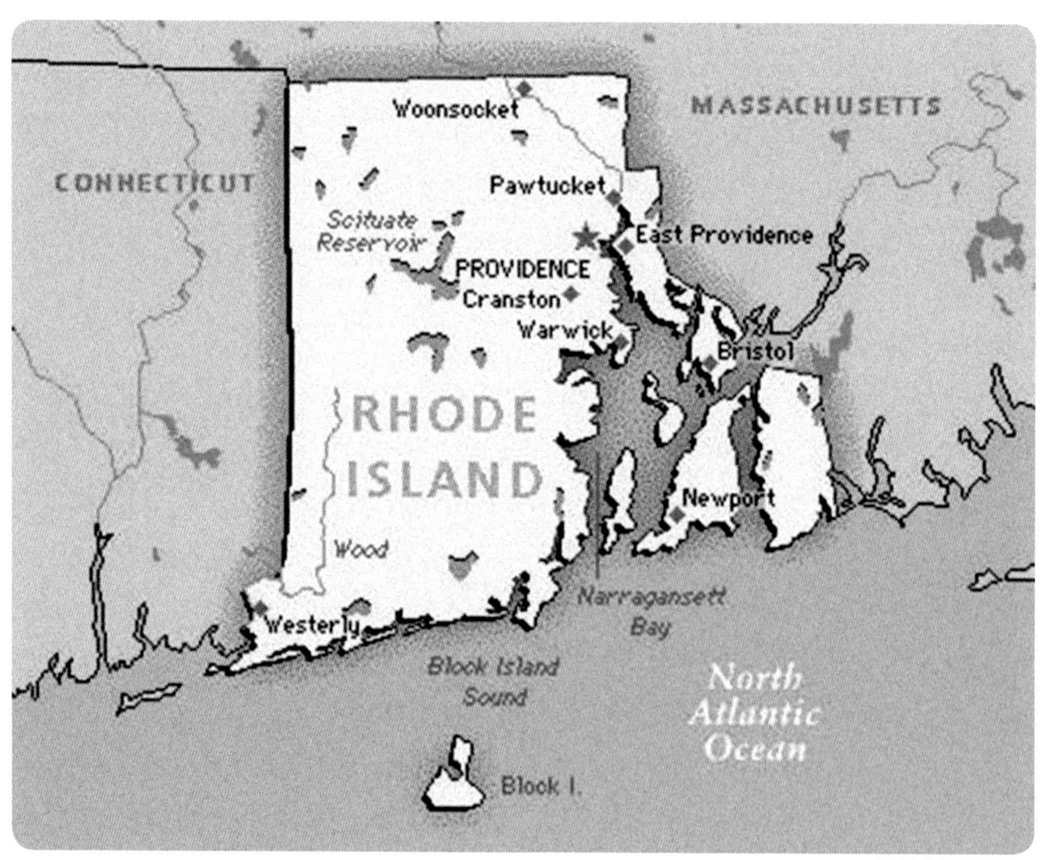

图版 021：Providence 地图

终扼杀了 Art Nouveau 创作的自由与个性，使这一运动在历史上生命短暂。机械化对于 Art Nouveau 首饰也许是不幸的，但对于现代时装首饰来说则是非常幸运的。不仅从数量上而且在工艺上，时装首饰比起珠宝首饰更有赖于机械化。时装首饰中的模铸、模压、切割、焊接、镶嵌，特别是镀金、镀银、镀铑、抛光等工艺大都需要借助机械完成。因此，正是机械化才能使时装首饰的生产数量大增，从而满足大众对时装首饰的需求。况且，大众希望得到具有震撼效果的、做工精致的时装首饰，其价格上的相对低廉在很大程度上有赖于大量生产。正是这种物美价廉的艺术性首饰的出现，为 20 世纪时装首饰的发展奠定了基础，或者可以认为，大众化的 Art Nouveau 首饰在很大程度上就是 20 世纪时装首饰的先驱。

❁ 时装首饰的金属构件有两种主要的制造方式：模铸和模压。采用失蜡法的模铸工艺常用于制作较贵重的首饰，因为它可以处理更为细腻的纹饰。采用模铸工艺制作的首饰也比较重，更紧凑，具有较强的立体感。工序是：制图—制模—翻胶膜—灌蜡模—脱蜡—塑模—浇铸成型。模压工艺常用于大量生产的廉价首饰。工序是：正模压入钢板成反模—锤击正模—在正反模冲压间形成成品。采用模压方式制作的首饰往往比较轻，平板，相比之下也不太精致。在打磨抛光后，首饰表面往往需要镀铑、镀金等，釉色往往是高温融合后手工涂覆的。

Art Deco

尽管 Art Nouveau 流行广泛，它实际上主要影响的是占社会少数的时尚女性。当这些时尚女性的兴趣和热情被越来越粗制滥造的 Art Nouveau 风格消耗殆尽时，突如其来的第一次世界大战打乱了“美好时代”法国和爱德华时期英国的精英阶层那种优雅、宁静、新潮的生活，Art Nouveau 也就结束了。何况，Art Nouveau 虽然不反对大量制作，但其艺术气质和设计方式与机械时代的轰鸣并不适应，因此它匆匆离开这个世界也是命中注定，代之而起并且真正适应时代步伐的则是 Art Deco。从艺术进化的角度来说，Art Nouveau 宣告的是旧时代的结束，Art Deco 代表的则是新时代的开始。由于 Art Deco 的出现，两次世界大战之间的首饰设计发生了天翻地覆的变化，而襁褓中的现代时装首饰也受到深刻的影响。

Art Deco 风格形成于第一次世界大战以后，二三十年代盛行于欧美诸国，以几何的造型、对称的布局、简约的样式和强烈的颜色对比为典型特征。它受到现代艺术以前多种艺术风格的影响，甚至受到埃及、希腊、罗马等地考古发掘的影响，还受到现代艺术中未来主义、野兽主义、功能主义和立体主义的影响。因此，Art Deco 本质上是一种兼容并蓄的折衷主义。Art Deco 风格不仅反映了机械时代的潮流，而且也反映了年轻一代对 Art Nouveau 的厌倦和对变革的渴望，他们追求一种更样式化的、更抽象的、更现代的表现方式。1925年在法国巴黎举办的“现代工业和装饰艺术国际博览会”就公然拒绝基于传统甚至结合传统的设计，而要求所有的设计都必须具有现代性，评委会甚至拒绝评论 Mikimoto（御木本）设计的首饰，因为其价值很大程度上来源于材料即珍珠而非设计。Art Deco 风格所呈现的，是一种非女性、非感性、不过分的特征。它尽力避免 Art Nouveau 的煽情，不仅吸引了知识阶层的欣赏，而且重要的珠宝首饰商，例如卡地亚、宝诗龙、梵克雅宝（Van Cleef & Arpels）等，甚至早期参与 Art Nouveau 运动的首饰设计师如 René Lalique 和 Georges Fouquet 等也都加入到这一运动中。Art Deco 风格的折衷特征及广泛响应对于首饰的大众化，对于时装首饰的流行非常有利。

❀ Art Deco 这一名称直到 20 世纪 60 年代中期才出现，它特指在法国巴黎举办的“现代工业和装饰艺术国际博览会”所表现出的一种艺术风格。该博览会原定于 1916 年举办，由于一战等原因被推迟两次，最后得以在 1925 年举办。实际上，到博览会举办时，装饰艺术风格已经非常流行。

在 Art Deco 风格影响下，几何造型开始统治首饰设计，自然主义或样式化的自然主义中那种生机勃勃的、充满感情的、婉转的曲线逐渐变为严肃的、抽象的直线或曲线——方形、长形、三角形以及圆形、弧形等等。这是机械的时代，规整的图形来源于现代建筑或机械零件，因此许多首饰都有一些机械时代的味道。汽车和飞机等许多工业设计形象，都出现在高档首饰和使用非珍贵材料的首饰上。那些仍然热衷于人物、动物和花卉题材的设计师更多地是按照新的方式进行设计，例如扁平化和样式化，这些形象往往按装饰而不是按真实性被重组于整个图案之中。这一时期首饰工艺中最为重要的创新是切割工艺和装嵌方式。与 Art Deco 相适应，棍状成为钻石最为流行的切割样式，并且往往与圆形明亮切割的钻石并列以形成对比。隐藏式装嵌不仅保证了首饰几何造型的完整性，提高了美观设计的灵活性，弥补了自然效果的缺失，而且因为大量使用价值降低的细小宝石而进一步削弱了宝石在首饰中的地位，突出了设计和工艺的重要性，从而使得一种工艺成为一种艺术。

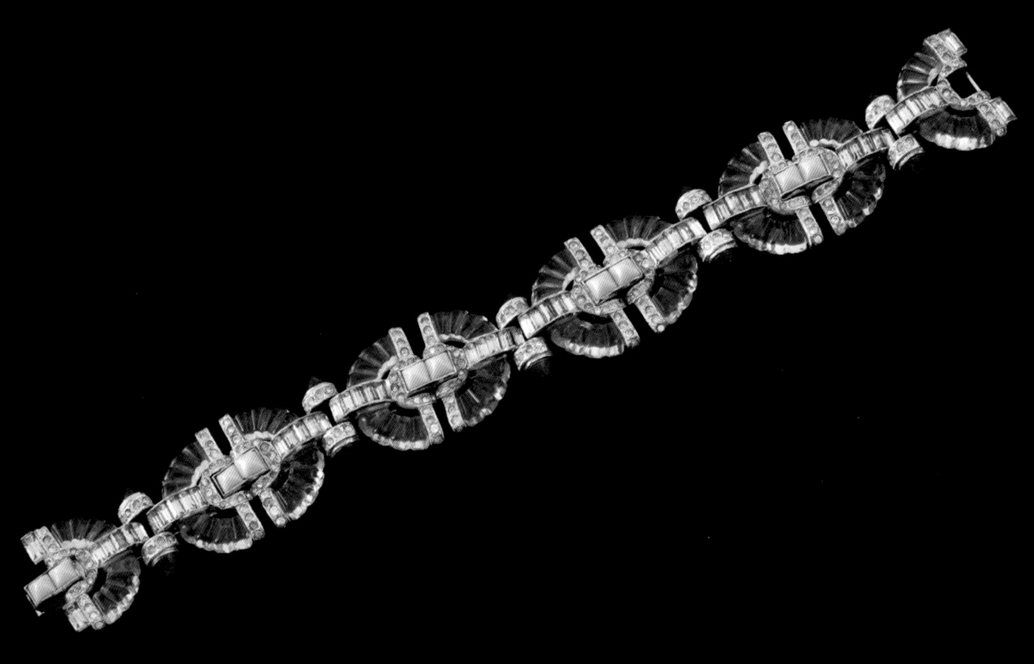

图版 022：Trifari 手链
Art Deco 风格，镀铑，嵌莱茵石仿青金石、绿松石，半圆形有机玻璃。
1935 年。

装嵌有下述几种方式：珠嵌，利用底托上小珠抓住宝石的方法；包嵌，利用小圆杯包住宝石的方法；槽嵌，利用沟槽折沿压住宝石的方法；爪嵌，利用金属爪反扣在宝石四周的方法；铺嵌，有时又称隐藏式装嵌，宝石平铺而不见金属底托；胶嵌，利用胶水将仿宝石粘在小杯中。时装首饰中仿宝石主要采用爪嵌和胶嵌。

当 Art Nouveau 的雕塑性被抛弃后，那种梦幻般和霞光般的色调便让位给结合各色宝石和半宝石而形成强烈对比的色块。Art Deco 首饰的颜色从此出现出三种局面：铂金、钻石和珍珠首饰所呈现的“白色样式”；钻石与缟玛瑙首饰所呈现的黑、白两色；由卡地亚引入的具有印度风格的“水果色拉”。大量彩色宝石以及玉、珊瑚、绿松石等材料的使用，使得 Art Deco 首饰具有一种与 Art Nouveau 淡雅的釉色迥然有别的异国情调。

Art Deco 风格不仅影响了珠宝首饰，也深刻地影响了时装首饰的形成。实际上，几何造型对于大量采用机械制作的时装首饰更加适合。棍状切割和隐藏式装嵌，给了时装首饰与珠宝首饰同台竞技的机会。白色的盛行使得使用仿珍珠的时装首饰很容易被人接受，因为御木本养殖珍珠的成功固然造成了天然珍珠价格的下跌，但并没有跌到工薪阶层的女孩都可以承受的程度。Cartier（卡地亚）、Mauboussin（梦宝星）、Boucheron（宝诗龙）、Van Cleef & Arpels（梵克雅宝）等高档珠宝商竞相使用亮丽多彩的宝石，也刺激了时装首饰商开发各种替代材料。Art Deco 时期著名高档珠宝商设计的样式，成为时装首饰商取之不尽、用之不竭的来源。同时，时装首饰在镀铑、镀铬、镀镍、施釉、胶木塑料等工艺和材料方面也获得了重大进步，这对于时装首饰的形成极有助益。

图版 023：Trifari 胸针“白色样式”
嵌莱茵石仿钻石，叶梗为棍状切割，镀铑。
20 世纪 50 年代早期

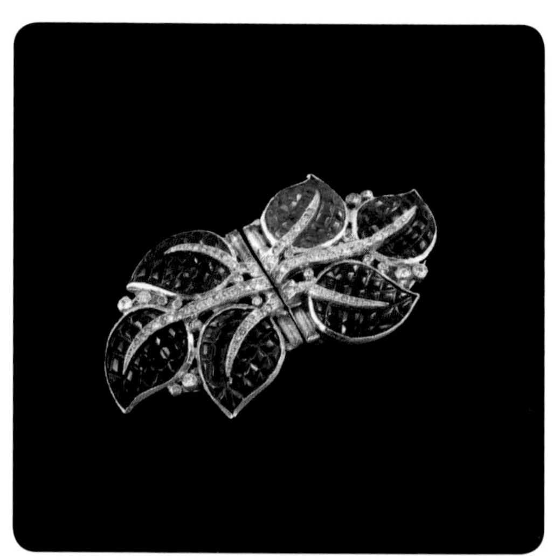

图版 024：Trifari 对夹胸针，“水果色拉”
嵌莱茵石仿红宝石、蓝宝石、祖母绿，仿隐藏式装嵌，镀铑。
设计师：Alfred Philippe。
功用专利号：2050802。
1937 年。

❀ 隐藏式装嵌最早由 Chaumet 公司在 1904 年发明。1933 年，卡地亚对类似工艺申请注册了专利，但并没有大量使用。梵克雅宝在同一年也对类似工艺申请注册了自己的专利，并从此大力推广这一工艺。隐藏式装嵌工艺复杂，需要将各色宝石由技艺娴熟的工匠进行极为精密的切割，然后像马赛克那样准确地嵌入沟槽中，颜色和大小必须均匀一致而不留任何宝石斜面或沟槽痕迹。一个小小的隐藏式装嵌首饰可能需要 800 多颗宝石。此法常见于花卉形象的首饰上。1937 年，Trifari 公司仿制了原本用于珠宝首饰的隐藏式装嵌方式，他们用大块的仿宝石玻璃，以刻痕的方式表达“隐藏的沟槽”，这使得“隐藏”之后的美感更加突出，结构更加完整。

Art Deco 的起源和发展在各国是不同的。如果不了解这一过程的多样性，将很难理解现代时装首饰那种兼容并蓄、博采众长的精神源泉。

英国美艺运动中的首饰已经具有几何形态的倾向，它一直在抗衡或简化 Art Nouveau 风格中那种蜿蜒的动感。英国人更喜欢美艺运动中比较受到约束的曲线，而认为 Art Nouveau 风格中那种过分的颓废以及对女性性感的暗示是一种很坏的品位。英国人比较谨慎和保守的传统以及不少英国首饰设计师对美艺运动的扬弃，即反对美艺运动逆历史潮流而动的态度，接受这一运动讲究设计、讲究工艺、主张自由创作的精髓，使得他们更容易接受 Art Deco 风格，由此也就可以理解作为英国人“孩子”的美国人对 Art Deco 以及时装首饰积极开放的态度。

很可能受到英国的影响，德国大约在 20 世纪初期出现了几何和对称特征的设计。实际上，德国的 Jugendstil 更倾向于抽象或几何的风格而不是 Art Nouveau 那种自然主义的设计，这使得德国在后来的 Art Deco 运动中居于领先的地位。Theodor Fahrner 是德国现代风格的先驱，主张“设计优先于材料”，他设计的首饰很早就以几何风格为特征。在 1900 年的巴黎万国博览会上，Theodor Fahrner 与 René Lalique 都展出了自己的作品。前者简洁、工业化的设计与后者充满幻觉的设计形成了鲜明的对比。虽然德国 Art Deco 时期著名的 Bauhaus 流派的主要影响并不在首饰设计方面，但德国仍有大量首饰设计师吸收 Bauhaus 的观念来为广大的公众设计各种各样的首饰。他们大量使用非珍贵材料，拒绝模仿高档首饰，强调首饰的功能性。德国那种大众的、简约的、功能性的现代首饰设计理念，向东在奥地利、匈牙利和捷克，向北在斯堪迪纳维亚诸国，向西在荷兰都得到广泛的响应。这些设计理念及其工艺技术后来从各地被“虹吸”到美国，为时装首饰的形成作出了重要的贡献。

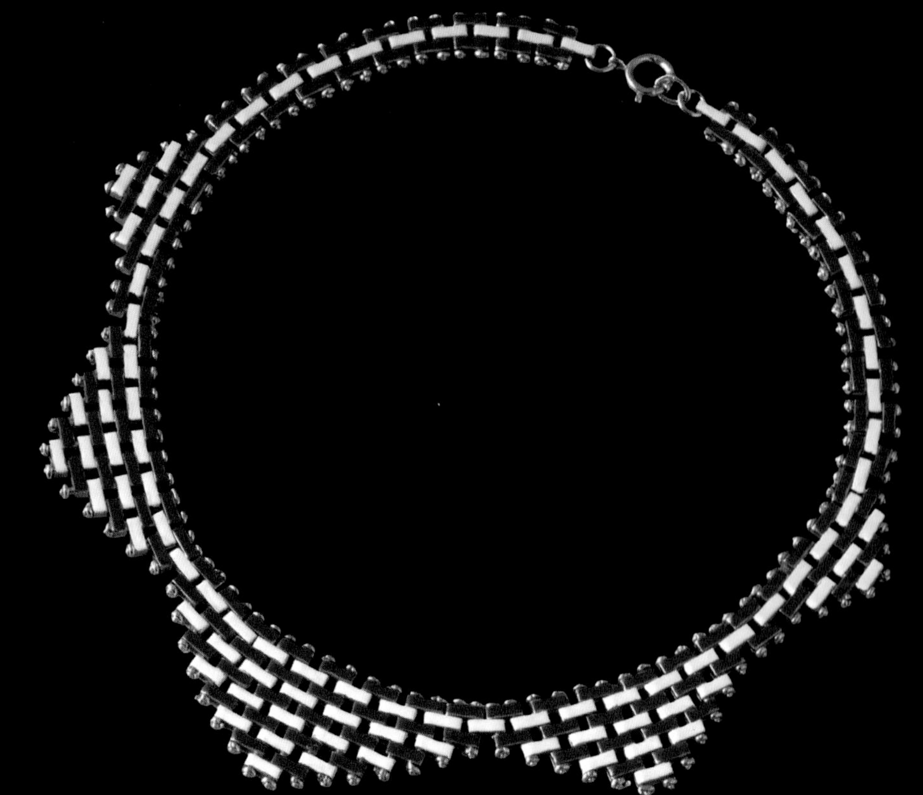

图版 025：Jakob Bengel 链状项链
Art Deco 风格，砖结构，镀铬，施红、黑釉。
约 1925 年

图版 026：Jakob Bengel 链状项链
Art Deco 风格，砖结构，镀铬，施白、褐釉。
约 1925 年

Fredrick Jakob Bengel 是德国一位有才华和创意的机械师，他从 1873 年开始经营自己的表链公司，20 世纪初转而经营首饰，其设计主要受到德国 Bauhaus 风格的影响。Fredrick Jakob Bengel 虽然于 1921 年去世，但其设计风格被家族继承下来。Jakob Bengel 首饰主要有两类。其一以镀铬或镀镍黄铜为材料，采用"砖结构"(图版 025)的链接方式，绘以颜色交替的釉彩，反映了机械美学的特征。这种简练、清晰、精致的设计极有创意。另一种以乳塑料为原料，仿制玳瑁、珍珠、大理石的纹理，其产品在 20 和 30 年代非常流行。Jakob Bengel 公司的首饰都使用纸质标签，因此首饰本身没有标记。Jakob Bengel 公司的首饰设计和制作停止于 1939 年，因此，现存的首饰都是 1939 年以前制作的。

虽然法国贡献了 Art Nouveau，但法国珠宝首饰的发展更像是从"花边风格"直接跳到 Art Deco，卡地亚无疑是这一跳跃的推手。在 Carl Fabergé 设计并展出了著名的彩蛋系列后，Pierre Cartier（皮尔·卡地亚）立即感受到在俄国作品中求得全新设计理念的可能性，因此他在 1904 年和 1905 年两赴圣彼得堡和莫斯科以建立与俄国的联系。此时的卡地亚已经准备好在任何方面寻求可以使其首饰设计在优雅和原创方面脱颖而出的理念，而不必求助于由其门徒 René Lalique 引领且风头日盛的 Art Nouveau。最晚从 1906 年起卡地亚就开始推行几何样式，将传统的花饰赋予直线造型。这种造型，虽然很样式化，却使得对称的形状产生一种非常新的、极为优雅的格调。1910 年对于卡地亚至关重要，这一年，在观看了色彩斑斓的俄国芭蕾舞剧后，Louis Cartier 及其助手 Charles Jacqueau 不仅改变了首饰制作的"调色板"，而且改变了所用宝石的选择范围，除罕见宝石外还使用半宝石，并采用令人惊讶的并列方式。铂金、钻石、珊瑚、缟玛瑙会出现在同一件首饰上，黄金、蓝宝、祖母绿、珐琅釉则会出现在另一件首饰上。卡地亚蓝色和绿色的结合是重要的创造，而"水果色拉"首饰则是其经典之作。双夹胸饰极富创意，它激发了 Art Deco 时期许多胸饰的设计。三环戒指，其无瑕的简洁激发了人们最大胆的想象。卡地亚首饰的纹饰既有受立体主义绘画影响的几何形，也可见东方的影响。中国、印度、埃及、伊斯兰艺术为卡地亚提供了广泛的题材，而卡地亚将这些题材融合到 Art Deco 直线形的背景之中。卡地亚极为擅长将华丽的宝石与优雅的纹饰相结合，其同时驾驭现代性和传统性的能力鲜有匹敌，这种解读时代精神的强大能力对日后时装首饰的发展起着重要的借鉴作用。

1937年在巴黎举办的国际博览会上，首饰，无论珠宝首饰还是时装首饰，都表现出几何样式的软化，开始了由几何性向雕塑性的回归，这同时标志着Art Deco风格的衰落。

图版027：1887年的法国夏装

时尚的兴起

只有大批量制作，首饰才能满足时尚的需求，而时装首饰正是一种追随时尚的首饰。时装首饰完全是时尚的产物。Georges Fouquet就强调，首饰应该追随时尚，但这只有当首饰价格低廉时才可行。

很久以来我们这个社会都没有大众参与的时尚。上层社会所谓的时尚都是小众的，而这种小众的时尚都是以皇室为中心的，这种状况直到维多利亚时期才开始发生变化。从反映美国南北战争的电影《乱世佳人》中，我们可以窥见，19世纪60年代女人的服装仍盛行紧身长裙，首饰既大且重，颜色也很浓重，从中散发出富丽堂皇的宫廷气息。南北战争大概第一次使女人认识到她们的衣着实际上很不实用方便。从70年代起，女人们开始酝酿服饰改革，到了80年代，女人的着装已经发生了巨大的变化：简便而实用。相应的，在英国，人们也试图摆脱维多利亚女王居丧期间那种沉重的气氛。

图版028：1897年的法国冬装

那种厚重感的首饰不再流行，代之而起的是娇美精致的首饰。然而，当时盛行的黑色首饰、头发首饰、珊瑚首饰、卡美欧首饰、马赛克首饰、赛璐珞首饰以及苏格兰的玛瑙首饰和东方的象牙首饰、玉翠首饰充满感情和情调，反映出19世纪晚期的女性仍然受到维多利亚女王的影响而大都比较多情善感。1901年1月22日，维多利亚女王逝世，1910年5月6日，国王爱德华七世逝世，一同消逝的还有大英帝国的霸权地位。从此以后，英国皇室对时尚的影响日渐式微，由公众广泛参与的时尚大概从此才得以培育。

弥漫“世纪末情绪”的英国一直努力进行服装和首饰的改革。服装设计日益强调人体的身材，身材在服装设计中成为中心。服装和配饰变得更加轻巧精致。与此同时，大洋彼岸的美国人认为英国皇室已经落后于时尚，他们所追求的是得体和美丽，并且将目光转向舞台明星。在“美好时代”的法国，讲究体面的女人穿着优雅的高领长裙，以突出窈窕的身形为尚，而另外一些女人则根据不同的场合不断地变换各种舒适的服装。这一时期，一方面是时尚女性所热衷的具有丰富色彩和造型的Art Nouveau样式，另一方面则是极为女性的、温柔的、白色的服饰。对浅色调的尊崇造成了对钻石和珍珠的需求，源源不断来自南非的钻石、来自众多养殖场的珍珠以及新发明的铂金加工工艺及时满足了这一需求。

图版029：1905年的法国时装

图版030：1908年的英国时装

如果说一战以前的女人还是一派楚楚可怜、小鸟依人的样子，那么一战以后的女性已经放弃了这种依附的地位，转而追求独立自主，在时装上便出现了一种不再追求体现身形而着力表现自由、随意、活跃的倾向。服装设计从紧身、瘦窄的坠地长裙变为更为轻便、宽松、短小的衣裙。以往厚重、繁复的衣服显然压抑了首饰，而20年代首饰回到视觉的中心。服装的简便、衣料的轻薄，边饰的消失又都进一步彰显了首饰在服装中的地位。

女人越是时髦地裸露身体，似乎就越是感觉需要用首饰装饰。因此，短发以及无袖和低胸上衣都使得女性需要更多的首饰来装扮。长手套消失后，无袖或短袖上装使得胳膊袒露，因此手镯、手链流行起来，女士们甚至佩戴数不清的手链，以装饰白皙、纤细的手臂。束发和短发开始流行，皇冠式头饰从而被头带取代，露出长颈的短发也使得垂落的耳环和长可及肩的耳坠广受欢迎，女士们甚至佩戴成套的项链、耳坠，以尽力削弱短发给人体形象带来的影响。低胸的设计又使得戴在前胸后背的长项链、颈圈甚至胸针等掩饰颈部和胸部的首饰流行起来。所有这一切似乎都只是在平胸而不是高胸时才显得合适，因此女人们纷纷将乳房束紧以获得“男孩气”的效果。当时女人最爱读的小说就是Victor Margueritte 1922年出版的La Garçonne。20年代服饰男性化或同性化的倾向在某种程度上是战争造成的。这场战争给法国留下100万以上的寡妇。当战场上男人一个个死去，当困顿中男人一个个潦倒，女人便失去了以往的依托，这迫使她们迅速承担起男人的角色。女性这时需要展示的不再是吸引男性的性感，而是一种坚强、独立、男性的精神。在整个欧洲，剪短头发的年轻女性以一种男性的面貌不断挑战男性社会的法则。因此不难理解，较为理性化的、受功能主义驱使的Art Deco风格的首饰为什么从这时起流行起来。

图版031：1917年的法国时装

❀ 法文 Garçonne，英译 Boyish 没有准确译出法文原文的真实含义和幽默味道，Garçonne is boy with a feminine ending 的解释也令人误解。实际上这个词应该指“男孩气（的女孩）”。

由于一战以后女性广泛参与日常的社会活动，这就使得日装越来越脱离室内的和夜晚的特征而日益独立起来，日装与晚服的区别也就越来越大。相应地，日装首饰也就发展起来。实际上，直到维多利亚时期，女人在白天都很少佩戴首饰。与耀眼夺目的晚服首饰相比，日装首饰虽然比较简素、安静、克制，但材料的选择范围却比晚服首饰大很多。日装与晚服的分离为时装首饰的佩戴提供了更多、更广的机会。因此，当 20 年代以卡地亚为代表的高档珠宝首饰商们大力推行“白色样式”的首饰以满足上层社会夜生活需要时，时装首饰商们便抓住这一时机，一方面使用莱茵石和白色金属以模仿“白色样式”或者增加黑色塑料以模仿黑白两色的设计，另一方面则大量采用非珍贵材料制作日装首饰，它们颜色丰富，造型奇特，有趣而不失优雅，为简单轻便的男性化套装提供了些许的奢侈。这些时装首饰设计比较轻巧，完全与当时轻便的服装相适应，非常适合百货大楼的销售。

1925 年在巴黎举办的“现代工业和装饰艺术国际博览会”上，除了完全模仿巴黎高档珠宝的首饰以外，也出现了为装扮时装而设计的首饰，这些时装首饰完全遵从时装界特别是巴黎时装界的规则，通常每年在春夏和秋冬两季推出以及时跟上时尚的迅速变化。1927 年 10 月的 Vogue 杂志称：在传统首饰之外，我们现在终于看到时装首饰的成功，这是一种常常随时尚变化的首饰。显然，一战以后，时尚使得时装首饰摆脱了对珠宝的依赖，时装首饰因此更加依附时装，成为时装不可或缺的部分，服装的时尚决定了时装首饰的流行，因此出现了真正的“时装”首饰。

如果将 20 年代的服饰解读为短而直的、忽略体形的设计，那么 30 年代的女装则讲究身形和运动感。一战的阴霾已经逐渐散去，时装设计开始了对女性身形的回归，这影响到发式和裙子，二者都变长了。非常矛盾的是，当大萧条抵达欧洲时，时尚界依然放弃了不那么昂贵的短装而热衷于比较昂贵的长装，时装变得更丰满、更女性，首饰也随之变得更柔和、更大。时装首饰商们设计的夹饰非常流行，它们被 30 年代的女人用在鞋子、帽子、领子、带子上，颇有无所不在的架势。30 年代的舞会和晚会大概也是历史上最为出色的，这为佩戴时装首饰提供了更多的机会和场合。所有这一切似乎表明人们更愿意忘却或忽视苦难的到来。

图版 032：1926 年欧洲流行的时装

图版 033：1933 年欧洲流行的时装

首饰从未像 Art Deco 时期的首饰那样与时尚有如此密切的结合，而时装首饰作为一种远比珠宝首饰应用广泛的大众艺术，更有效地反映了这个时代的时尚变化和文化潮流。

Coco 和 Schiap，两个了不起的女人

如果说早在 20 世纪初，Paul Poiret 就种下了首饰与时尚相结合的种子，那么培育这颗种子则有赖于下述两位时尚领袖：Gabrielle Chanel 和 Elsa Schiaparelli。

Gabrielle Chanel 昵称 Coco，是香奈儿的创始人。关于自己早期的历史，Coco 编造了一个复杂而浪漫的版本以掩盖卑微的出身。她称自己 1893 年出生于法国乡村，父亲很早就去美国奋斗。实际上她 1883 年出生于卢瓦尔河小镇一个贫穷的洗衣女工家庭，12 岁时母亲去世，随后被父亲送进孤儿院，后来又进入修道院的住宿学校。她 18 岁离开了第一份裁缝工作后到夜总会做歌女。Coco 非常伶俐而富有魅力，因此结交了许多军官、富商、绅士，其中不乏狂热的追求者。通过与他们的交往，Coco 见识了大量的钻石、珍珠和时装。在情人的帮助下，Coco 于 1910 年在巴黎 Cambon 街 21 号开设了一家帽店，1913 年在法国北部 Deauville 又开设了一家衣店，在这里销售高档的休闲和运动衣装。后来，Coco 与俄国 Dmitri 大公即俄国末代沙皇 Nicolas

英国上层社会，结识了丘吉尔大臣、西敏寺公爵、爱德华王子。爱德华王子，即爱德华八世，后来的温莎公爵，英国不爱江山爱美人的国王等著名人物。1931年，Coco开始为美国好莱坞明星设计时装。然而，她并不喜欢甚至有些讨厌好莱坞，认为这里是坏品位的大本营。New Yorker后来猜测Coco离开好莱坞是因为“好莱坞认为她的设计不够轰动，她使得一位贵妇看起来像‘一位’贵妇，而好莱坞需要一位贵妇看起来像‘两位’贵妇”！二战以及随后的岁月对Coco来说是十分昏暗的。战争爆发后，Coco举办了最后一场时装展，随即关掉了自己的时装店，但香水、首饰和配饰生意仍在继续，而她则陷入了与一位风度翩翩的德国外交官交往的漩涡——这名外交官战后被证实为德国间谍。战争结束后，Coco隐居瑞士达10年之久。1954年，Coco以70岁的高龄重返巴黎时装舞台。

图版034：香奈儿著名的N°5香水

Fulco di Verdura于1898年出生于意大利西西里岛，1927至1934年间曾为香奈儿工作，1934年后到纽约为珠宝商Paul Flato工作，1939年他开设了自己的公司并在纽约第五大道712号开设了一家零售店。在40年代较为重要的场合，例如周年纪念或开张典礼，佩戴Verdura首饰几乎是纽约上层社会的规则。Verdura的设计曾极大地影响了时装首饰，许多时装首饰设计师甚至直接抄袭他的设计。Fulco di Verdura还曾与Salvador Dali合作。1941年7月Vogue杂志报道称Dali说：“尽管Fulco和我一直试图证明首饰到底为绘画而作还是绘画为首饰而作，我们深知它们是为对方而作的。”

Coco 卑微的出身丝毫没有影响到她的高雅品位，她的经历不仅使她面向大众进行设计，而且将这种设计提高到极为高雅的境界。Chanel（香奈儿）时装设计的核心就是简便、舒适、优雅的美："简便是各种优雅的基调。"她极力主张女人穿着实用甚至有些男孩气的服饰，而她的设计、剪裁和布料的使用很完美地诠释了这种男孩气的形象。在一战和大萧条影响下的二三十年代，Coco 的这一主张受到普遍的欢迎。今天，所有的女性都应该感谢 Coco 那种"舒适、简便而优雅"的理念。她诠释了"和谐的简约"，为现代时装设计开辟了一条新的道路。

❀ 与"和谐的简约"（Harmonious Simplicity）相对应的是英国著名作家 Aldous Huxley 所谓的"华丽的简约"，即 Sumptuous Simplicity。

Elsa Schiaparelli 昵称 Schiap，是 Schiaparelli（夏帕瑞丽）的创始人。她被普遍认为是两战之间巴黎时装界最具震撼力的天才。与 Coco 不同，Schiap 出身于意大利罗马一个有教养的贵族家庭，从小就深受古代和现代艺术的熏陶。为了躲避家庭的束缚，她出走伦敦，一战前来到纽约，20 年代受到时尚和艺术的吸引只身来到巴黎。一天，她遇到一位美国百货公司的采购员，这位采购员对她当时穿的自己设计的黑白两色毛衣很感兴趣，因此立即向她订购了 40 件。从此，Schiap 开始了设计生涯。1934 年，她开设了自己的时装店。Schiap 通过著名艺术家 Man Ray 认识了 Paul Poiret，后者对她的时装设计颇多鼓励。二战期间，Schiap 出走美国，1945 年返回巴黎，发现巴黎已经今非昔比，遂留下助手 Pierre Cardin 和 Hubert de Givenchy 而再次回到纽约。1954 年，Schiap 关闭了她在巴黎的时装店。也是在这一年，Coco 重开了她在巴黎的时装店。

图版 035：Alberto Giacometti 为 Schiap 设计制作的头像

❀ Elsa Schiaparelli 最近几年重新受到关注，不仅出版或再版了有关的书籍，纽约大都会博物馆 2012 年也举办了夏帕瑞丽设计展。

Schiap 开始自己的设计生涯时，正是 Coco 如日中天之际。虽然两人都热衷于时装和时装首饰设计，但堪称劲敌，从未好言相对。有几年 Coco 总是称 Schiap 为“那个意大利娘们儿”。如果说在时装设计上，香奈儿以简便、优雅著称，充满古典的气息，那么夏帕瑞丽就以滑稽、大胆、时髦、惊艳著称，充满前卫、放纵的精神。在白色和黑色盛行的年代里，Schiap 推出了“令世人惊讶的粉色”，它后来成为夏帕瑞丽的标志色，不仅盛行各国，而且流传至今。Schiap 的意大利气质淋漓尽致地宣泄在鲜艳的颜色、新颖的布料、迷人的扣子、富丽的首饰上，其鲜明的特征既归功于她那丰富的想象力和创造力，也归功于达达主义和超现实主义以及与她交往的艺术家，例如 Jean Cocteau、Man Ray、Alberto Giacometti、Salvador Dali、Meret Oppenheim 等，其中有些人还曾与她一同设计首饰。面对 Coco 与 Fulco di Verdura 组合的挑战，Schiap 选择了富有创造力的Jean Schlumberger作为合作伙伴，后者1955年成为蒂芙尼的设计师。多少年来，人们一直纳闷，夏帕瑞丽和香奈儿之间的竞争到底代表了意大利与法国的竞争？还是年轻人与老年人之间的竞争？抑或是后起之秀与功勋前辈之间的竞争？

图版 036：Chanel 镀金耳夹
镶嵌青金石。
1995 年。

Coco 认为通过仔细搭配首饰可以使时装充满女性的活力，因此可以赋予女士们高雅的个人品位。Coco 还认为，珠宝首饰和时装首饰，如果做工精致，二者都具有同样的功能，即通过丰富的颜色、和谐的造型和设计的创新来营造美感。更为进步的是，Coco 竭力破除时装首饰只是模仿珠宝首饰的观念。她大胆地说：“没有什么首饰比假首饰更美丽！我喜欢假首饰是因为它们很刺激。首饰是用来打扮女人的，而不是让女人看上去很富有。”Coco 每次推出新颖的时装都以假首饰装扮，力图告诉人们首饰的选择不是为了表现财富，而完全是为了审美。正是出于这一理念，Fulco di Verdura 为香奈儿设计的首饰总是很大，似乎特意鼓吹其假首饰的特征，这恰与香奈儿时装的简洁相映生辉。

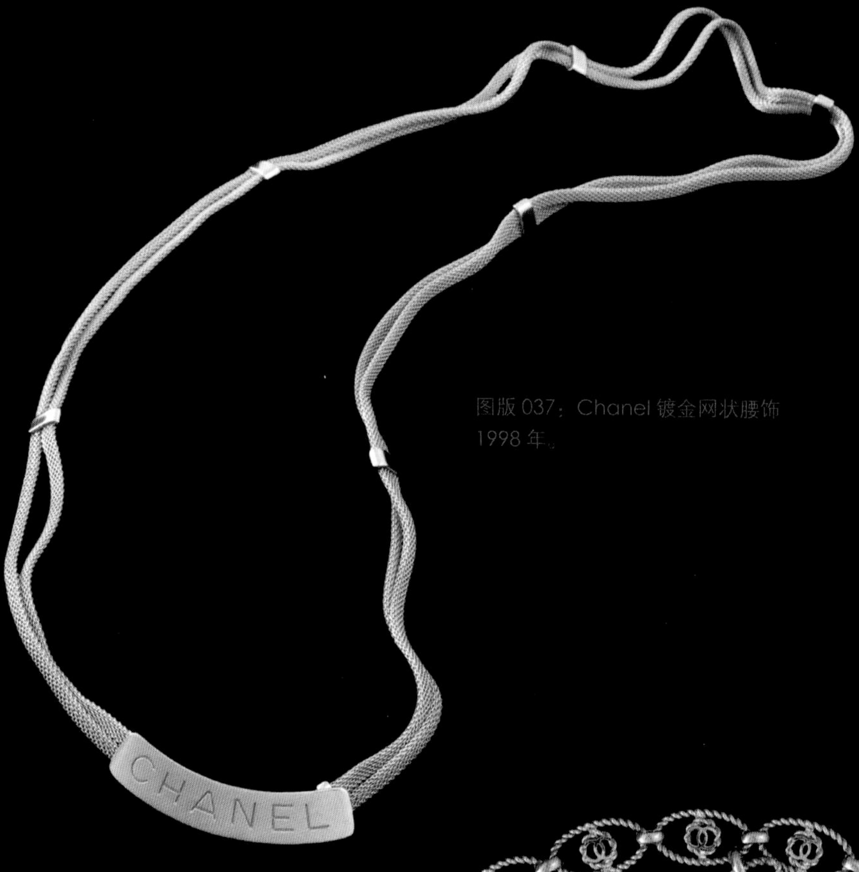

图版 037：Chanel 镀金网状腰饰
1998 年。

图版 038：hanel 镀金环状腰饰
1992 年。

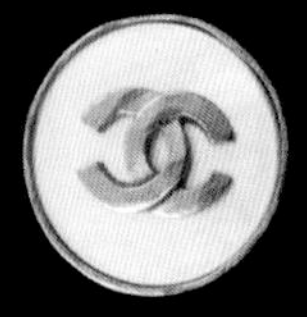

图版 039：Chanel 镀金耳夹
镶嵌螺钿，
1995 年。

Schiaparelli（夏帕瑞丽）的首饰设计师 Jean Schlumberger 说："首饰应使女人看上去更珍贵，而不应使其看上去更昂贵。"这句话很好地代表了 Schiap 的设计理念。Schiap 很早就开始自己设计首饰并将这些新颖的首饰用于自己设计的时装上。她战前设计的首饰往往好玩、反叛、惊艳、怪诞，甚至有些令人反感，战后则比较古典、含蓄，仿佛若隐若现的火光。Schiap 再次返回纽约后致力于时装首饰的设计，用彩虹般绚烂的高铅玻璃宝石设计出许多抽象的或花样的首饰。

图版 040：Schiaparelli（无标志）胸饰
镀金，施彩釉，嵌莱茵石仿钻石红宝。
1930 年代。

图版 041：Schiaparelli（因耳夹改耳钉而失去标志）
耳钉项链手链，镀金，镶嵌莱茵石仿红宝。
1940 年代。

图版 042：Schiaparelli 扇贝形花朵耳夹项链
镀金。
1949~1954 年。

图版 043：Schiaparelli 项链
镀金，镶嵌莱茵石仿蓝宝。
1949~1954 年。

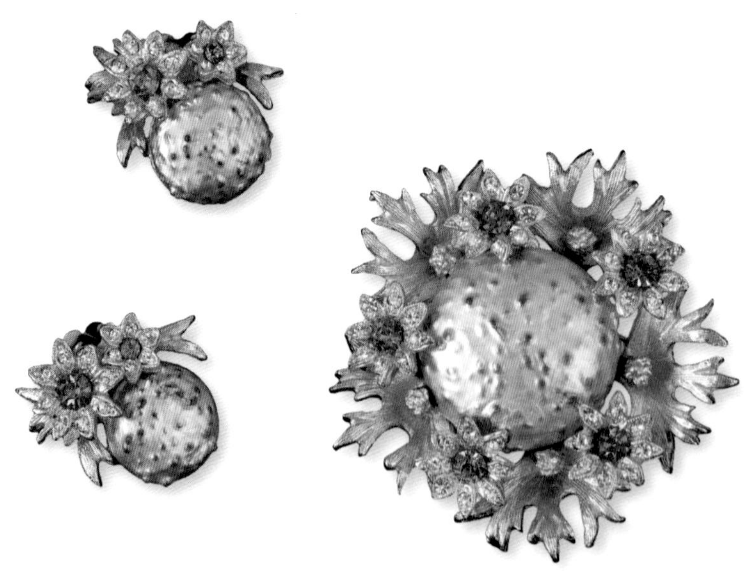

图版 044：Schiaparelli 耳夹胸针
镀金，镶嵌粉色及透明莱茵石仿珍珠，原盒。
1950 年代。

图版 045：Schiaparelli 耳夹项链
镀金，镶嵌彩虹莱茵石仿托帕石
1950 年代。

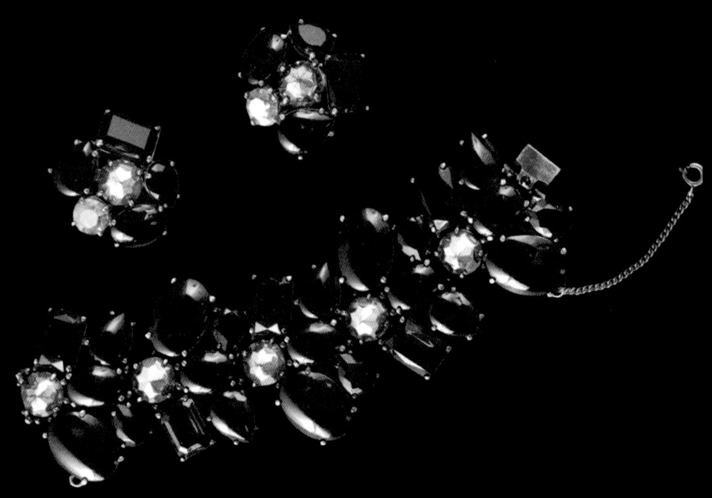

图版 046：Schiaparelli 耳夹手链
爪镶，镶嵌玻璃仿红宝石
1950 年代。

图版 047：Schiaparelli 耳夹项链胸针手链全套
镀银，镶嵌莱茵石仿缟玛瑙。
1949~1954 年

“首饰与时装之间具有密切的联系”，这几乎是 Coco 与对手 Schiap 之间唯一的共识。两人都竭力推行“以时尚为主导的首饰”这一观念。当大多数 Art Deco 首饰设计师忙于模仿、追随法国的珠宝首饰商时，Coco 和 Schiap 已转而从时装本身汲取首饰的创作灵感。她们首次使首饰在时装中起到画龙点睛的作用，因此，正是这两位时装设计师开创并引领了现代时装首饰的设计。

获得自由之身的时装首饰

到 30 年代，使用非珍贵材料的时装首饰在观念上已经被普遍接受，进入机械化时代的时装首饰在数量上已经可以大批生产，这就使得时装首饰可以响应并满足由大众参与的时尚，从而赢得生存和发展的空间。发型和服饰的变化，无论是出于掩盖还是出于吸引的原因，都使得时装首饰的使用增加了。除夜生活的增加使得更多的晚服需要时装首饰，日装的“男孩气”和高雅化也增加了时装首饰的使用。时尚的迅速变换可以使时装首饰以很低的代价不断地做出及时的更替。最后，时尚领袖 Coco 和 Schiap 的示范和提倡，进一步推动了时装首饰在 30 年代的繁荣。在她们的带动下，不仅有更多的妇女不论白天还是晚上都佩戴更多的时装首饰，而且使时装首饰逐渐地走出模仿珠宝首饰的阶段，变得更独立而普及。

与珠宝首饰相比，时装首饰终于获得了自己的竞争优势，这种优势首先来源于时装首饰设计师的创作自由。时装首饰以低廉的成本可以不断翻新花样，当一种设计不受欢迎时，它会被迅速更改或抛弃，这种灵活的适应性正是珠宝首饰商们所不具备的。出于保值的考虑，珠宝首饰特别是大量的中低档珠宝首饰往往设计保守以迎合稳定的消费群体；面对新的时尚，高昂的成本往往使得珠宝首饰设计师在没有很大的把握时很难改变设计或作出新的设计。这就使得时装首饰与珠宝首饰在追随时尚的竞赛中得以领先甚至引领时尚。

时装首饰已经经历了现代社会的巨大变革，经历了机械时代的迅速进步，经历了 Art Nouveau 和 Art Deco 两次艺术洗礼，它已经摆脱任何束缚，即将乘时尚之风展翅飞翔了。然而，这一切戛然而止：1933 年希特勒走上了历史的舞台。

Chapter Two
Birth, Growth, Glory

第二章
诞生、成长、走向辉煌

美国：海纳百川

美国首饰业的历史很短，大约从19世纪中期才开始，而欧洲大约从此时起才向美国出口钻石等宝石。美国首饰业大都采用非珍贵材料制作首饰。采用非珍贵材料的首饰制作业到1875年时在罗德岛Providence已经颇具规模，而美国最老的服装首饰商Napier公司则于1878年设立于麻省。在美国，早期首饰业同时生产珠宝首饰和非珠宝首饰，甚至直到1939年，美国的制造业统计都不区分珠宝首饰和非珠宝首饰。美国早期的非珠宝首饰大都模仿欧洲高档珠宝首饰，仅仅具有装饰的功能而不具有内在价值或艺术价值。与大多数欧洲的首饰商都是家庭作坊不同，美国的首饰商大都规模比较大。

19至20世纪之交，特别是受到欧洲之战的影响，许多怀着美国梦的首饰商从欧洲来到美国。例如，Coro公司的创始人Carl Rosenberger于1886年来自德国，Carnegie公司的创始人Hattie Carnegie于1892年来自奥地利，Trifari公司的创始人Gustavo Trifari于1904年来自意大利，Eisenberg公司的创始人Jonas Eisenberg于1914年来自奥地利，Boucher公司的创始人Marcel Boucher于1922年来自法国，Hobé公司的创始人William Hobé于1920年代中期来自法国。他们后来成为美国时装首饰界的翘楚和支柱。许多来自欧洲的时装首饰设计师都有珠宝首饰的从业经验和高超、娴熟的技巧，他们的时装首饰作品设计独特、品质优良，可以达到与珠宝首饰相比美的程度。来自欧洲的时装首饰商给美国不仅带来手艺，而且带来了企业家的精神；不仅催生了现代时装首饰产业，而且帮助美国形成了自己的欣赏品位。

图版 048：Carnegie“颤抖的花朵”项链及一对耳夹
镀铑，镶嵌莱茵石仿钻石烟晶石。
1950 年。

❋ Carnegie 公司堪称首饰业实现美国梦的典范。公司创始人 Henrietta Kanengeiser 于 1892 年从奥地利来到美国。传说在驶往美国的船上，6 岁的小女儿 Henrietta Kanengeiser 问谁是这个国家最富有的人，答曰 Andrew Carnegie。因此这个女孩就把自己的名字改为 Hattie Carnegie。1909 年，Hattie Carnegie 在纽约与朋友合开了第一家服装店。随着生意的不断成功，1918 年她在纽约开设了 Hattie Carnegie 公司，不仅制作时装，而且为时装设计和制作首饰。到二战结束时，Hattie Carnegie 已经建立起一个价值 800 万美元的时尚帝国。Carnegie 公司非常优雅的成衣和时装首饰吸引了温莎公爵夫人和好莱坞著名影星 Joan Crawford 等社会名流的青睐。

当欧洲饱受战火摧残及至战后舔舐伤口之时，大洋彼岸的美国正享受着和平与繁荣。繁荣的经济为美国创造了巨大的财富，不仅使珠宝首饰而且也使时装首饰的品类在不断扩大。人类文明史的研究表明，在繁荣时期，首饰变得更多样化，因为人们有能力尝试各种不同的首饰以满足不同的需求。

然而，1929 年的大萧条使美国人的生活方式发生了很大的改变。乐观主义消失了，整个心态消沉了，佩戴首饰也变得尴尬起来。大萧条打击了珠宝首饰等高档奢侈品行业，但时装首饰似乎得以逃脱。原因有三：第一，有大量的熟练师傅从珠宝首饰业进入时装首饰业，甚至巴黎许多珠宝首饰商索性转产时装首饰。Janet Flammer 在 1929 年写道，巴黎的"珠宝首饰商们由于订单突然被取消而损失惨重，而这些订单大都来自美国"。这在很大程度上解释了为什么在这段时期有大量的首饰制作工匠，从珠宝首饰业进入时装首饰业。生产力的加强无疑可以大大提升时装首饰的质量。第二，大萧条打击了珠宝首饰的购买力，即使富有的女士也听从 Cecil Beaton 的劝告"你即使没有失去财富，也必须装得像失去了财富"，而羞于佩戴昂贵的珠宝首饰，纷纷转向物美价廉的时装首饰。同时，好莱坞以及整个高档时装界对时装首饰的接受使得困顿中的妇女借助廉价的时装首饰保存了她们对生活的热爱和希望。这种倾向无疑大大促进了时装首饰的生产和消费。第三，时装首饰设计师们在艰辛的岁月里以更为创造性的态度尝试新的装饰方式，求得生存的同时，也促进了时装首饰原创性设计的开发。

❋ 1892 年，Emanuel Ciner 创办了以自己名字命名的公司，专门制作金银珠宝首饰。1930 年左右，Ciner 公司开始转向制作高品质的时装首饰。那个时期该公司的时装首饰，常镀以 18K 黄金，镶嵌施华洛世奇水晶及人造珍珠，所有的工作都由手工完成。

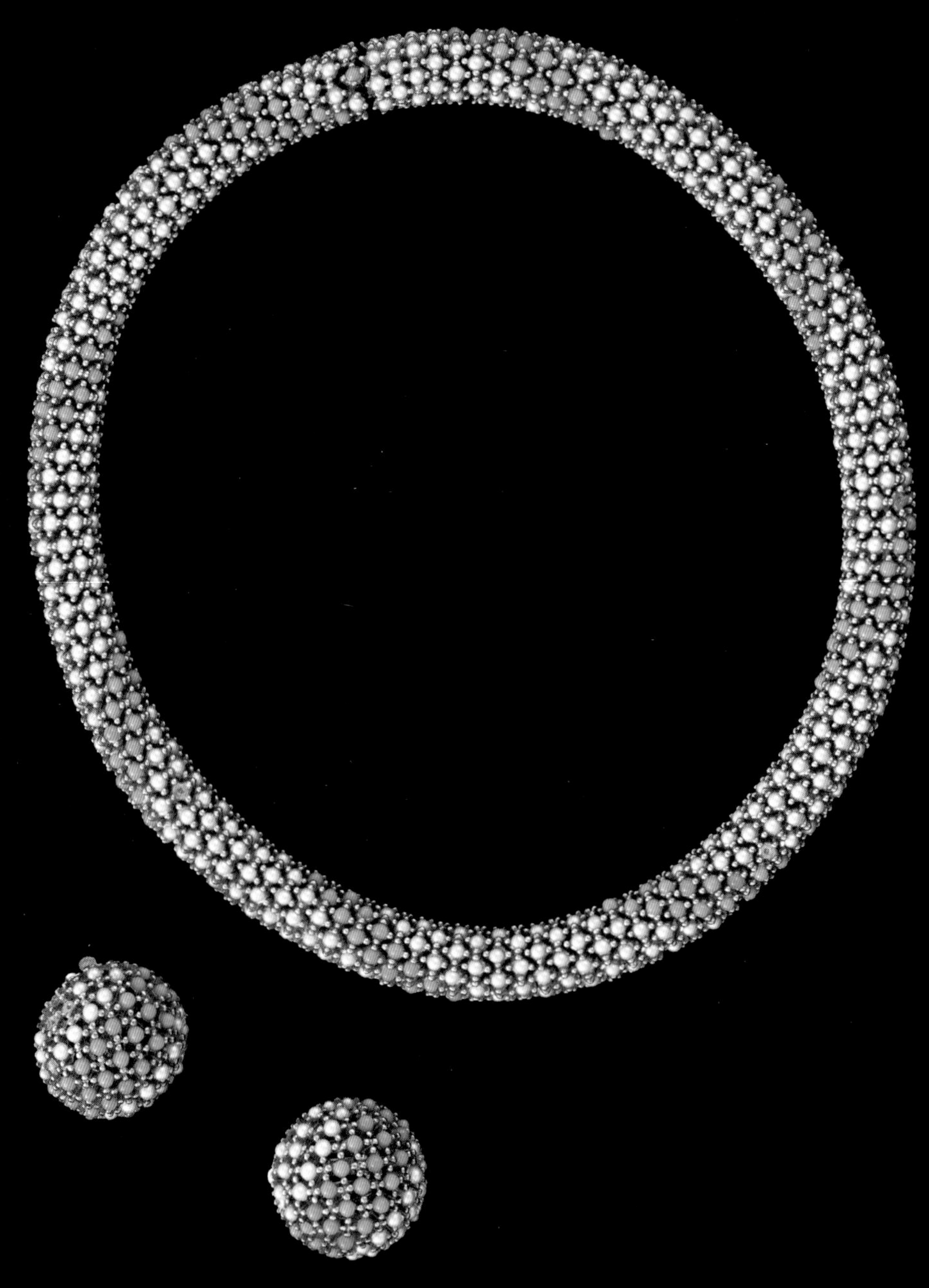

图版 049：Ciner 耳夹项链
镀金，镶嵌仿珍珠绿松石
20 世纪 60 年代

1933年希特勒上台后，美国再次接受了大量从欧洲逃难的首饰设计师和工匠：德国人、法国人、意大利人、奥地利人流落到了东海岸，斯堪迪纳维亚人进入了芝加哥和中西部，世纪之交以来涌现的首饰人才从欧洲向美国转移的趋势得到进一步的加强。这些欧洲人丰富的经验和精湛的技术不仅为美国时装首饰业的发展提供了保障，而且直接削弱了欧洲在首饰领域的竞争力。他们逃离了祖国，也摆脱了原来生活环境中传统和习惯的束缚，例如学徒制和作坊制，使得他们来到美国后焕发出新的创作热情，同时也推动了欧洲流行艺术风格在美国的传播。欧洲的万千涓涓细流最终汇集到美国，为美国时装首饰业的壮阔波澜起到了重大的推动作用。实际上，正是从大萧条以后，美国的时装首饰业才发展为庞大的产业，许多著名的时装首饰商例如Trifari和Coro都是在这一时期壮大起来的。相比之下，时装首饰虽然在法国和德国都大量生产，但都没有达到美国这样大规模工业化的程度；Chanel和Schiaparelli虽然都是重要的时装首饰生产商，但她们在30年代的生产仍然是非常有限的。也正是从这时起，Coro公司率先在全国性的时尚杂志*Vogue*上为首饰作广告，五光十色的时装首饰从此开始大举进入美国各地的百货商场，时装首饰才真正成为一种大众时尚消费。现代时装首饰终于在大萧条后的美国诞生了——它原本应该在欧洲展翅飞翔却不幸夭折了！

现代时装首饰在美国的诞生实际上还得益于大萧条之后首饰风尚的变化。大萧条预示了具有精英特质的Art Deco风格的衰落。大众对奢侈品和装饰品的反感，使得对Art Deco及其产品的敌意公开化。首饰设计的风尚由此变得多元起来，这明显有利于擅长多样化的时装首饰摆脱平庸、老套的设计。Art Deco在晚期已被融入了新的美学观念。首饰设计中的几何形式开始转向洛可可艺术那种流动的、卷曲的线条和不对称的图案，图案由于弯曲、翻卷、盘旋而变得更为柔软，由于注重三维结构及其可塑性而更有雕塑感。在这种风尚的影响下，使时装首饰变得更圆、更大、更重，也更华丽，明显地摆脱了20年代那种小巧的、素雅的、像珠宝首饰的特征。此外，大萧条还使人们产生了怀旧的倾向，维多利亚风格、浪漫主义、自然主义因此再次盛行，那些抒情寓意的大花大叶与虫鸟题材也流行起来，而这些题材正是时装首饰的强项。时装首饰设计师们开始使用彩釉和彩色莱茵石随心所欲地制作出各种花鸟和动物形象。怀旧风格的首饰不仅适合夜晚，而且也适合白天，因此很受工薪阶层妇女的欢迎。Coro公司1935年推出的对夹式和颤动式设计，将Art Deco风格的对称性与精美的花卉装饰相结合，而颤动的花蕊构思则来源于18世纪的颤动设计，从中我们可以欣赏到从30年代精致的Art Deco风格到40年代折衷主义的转变。Fortune杂志称，时装首饰从1940年以来盛行的是文艺复兴时代的那种优雅和维多利亚时期的那种奇妙的卷曲、绽放的花束、四射的阳光等样式。此外，由于华丽的首饰需要整体的协调，成套首饰在Art Deco晚期逐渐流行起来，这给了时装首饰大展拳脚的机会。毫无疑问，时装首饰比珠宝首饰更容易做到成套搭配。除上述诸种风尚的变化，得益于30年代各种材质、颜色、切工的首饰材料充足的供应，时装首饰获得了极为丰富的艺术表现手段，这同样有利于时装首饰在美国的诞生。

现代时装首饰在美国的诞生实际上还有其深刻的社会政治上的原因。首先，美国的民主和创新精神，使得他们相信首饰不是等级差别的象征，而只是个性的表达方式；这种表达方式不仅是平等、自由的，而且应该是不断更新的。这一理念很适合消费社会。在美国，商品就是被消费、被丢弃的，即所谓"买新，扔旧"。在这种消费心理影响下，美国人更愿意用买得起的奢侈品来追求新奇的时尚，这种短暂性和可负担性正是时装首饰的特性，也更符合美国人的生活方式。其次，美国的商业精神就是迎合广大的消费者。一位想要时装首饰的女人实际上是非常矛盾的：既想要做工精致，又想要价格低廉。显然，这种首饰应该是传统工艺与现代机械的结合，而美国所生产的正是这种矛盾的时装首饰。最后，时装首饰在美国的成功还受惠于女性解放。通常，安居于富足和保守社会的女性越多，时装首饰的接受就越少；相反，当女性生活在一个自由、平等、进步的社会时，时装首饰就会成为公共女性最不可或缺的装饰。

图版 050：Coro 著名的山茶花系列
集颤动和对夹设计于成套首饰：胸针为对夹式，花朵为颤动式。镀金色，施绿色珐琅彩，嵌莱茵石仿钻石、红宝石。
专利号：110296。
设计师：Gene Verrecchio。
1938 年。

The World of Lovely Things

What is Newest and Prettiest in It

The New Bags and Aprons Which Women Love

And Which are Especially Timely Now for War Activities

ON THIS page and the following pages you will find illustrated a charming assortment of clothes and accessories, which were decided upon after much consideration. While the prices are not always given, on account of the merchandise not being in the retail shops when the magazine goes to press, by the time it is published the cost of many of the articles will be known, and we can give you that information together with the name of the shop or shops where they can be purchased. When this is not possible, then you can buy a pattern of whatever is capable of being patterned; else we will, at your request, forward accurate instructions for the making.

As it is impossible for us to do your shopping for you, owing to our enormous circulation, please do not embarrass us by sending us money for that purpose. However, on receipt of six cents for each page about which you inquire, for postage and cost of service, we assure you that you will hear from us promptly, continuing the quick mail service which is the pride of THE LADIES' HOME JOURNAL and the comfort of its readers.

1. A dahlia trims this gray felt knitting-needle bag; $1.25.

2. Melon-shaped satin bag with elastic opening; richly beaded.

3. Clad in her new overalls of khaki, she is willing and ready to serve her country by filling a soldier's vacant place.

4. To save metal, new English bags have quaintly carved wooden frames like this one.

5. Of tan duvetyn is this bag trimmed with tan and blue wooden beads.

6. This galatea bifurcated dress above has trousers which become "knickers" by gathering in their hem.

7. Gold-lace-edged frills trim this figured crêpe de Chine bag; $6.50.

8. The jade medallion claims close kinship to this knitting bag of orientally patterned China silk; $6.50.

9. This deep-blue cotton-crêpe smock makes a delightful color scheme stitched and smocked in bright orange; $7.

10. Knitting-bag apron caught at the waist with bright silk apples.

11. For many practical purposes is this smock of yellow or blue percale; cretonne trimmings; $4.50.

12. Woven like rag carpet is this bag, which comes in different colors; $1.75.

13. With every thought a "purl," one may carry one's knitting in such a dignified chiffon velvet bag as this above. Black and colors, $7.50; striped moiré silk, $7.

14. To carry one's packages home, chiffon velvet bags, gold-braid-trimmed, are made; $8.50.

15. One sews surrounded by stamped flowers of cross-stitch in stenciled flower-pot pockets, clad in this apron; $1.35.

16. Just a frilly affair is this one-piece apron embroidered in French knots.

17. As useful as it is pretty is this white linene apron scalloped in color. Price, 75 cents.

18. For play or work is this percale smock, which covers a frock from collar to hem; $3.75.

19. When necessity demands here is a practical coat of imitation linen ready for any outdoor work. Price, $2.25.

图版 051：1918 年的美国时装

82 *Pictorial Review for September, 1925*

The Chic Silhouette May Be Flared or Straight

One-Piece Dress 2871

Flared Dress 2878

Plaited Dress 2828

Two-Piece Dress 2841 Monogram 558

Flared Dress 2897 Embroidery 12935

Flare-Back Dress 2863

Straight-line Dress 2836

Flare-Back Dress 2879

2828—Ladies' and Misses' Dress. Designed for 34 to 42 bust, and 14 to 18 years. Width at lower edge about 57 inches. Size 36 requires 3½ yards 40-inch tan flat crêpe—¾ yard brown braid. The back of this smartly plaited dress is extended over the shoulders, forming a yoke effect, and is joined to the plaited fronts. Long, one-piece sleeves, gathered to wristbands, are puffed below the elbow.

2841—Ladies' and Misses' Two-piece Dress. Designed for 34 to 44 bust and 14 to 18 years. Width at lower edge about 58 inches. Size 36 requires 2⅝ yards 54-inch blue kasha—½ yard 40-inch white crêpe de Chine for trimming—1 yard 36-inch lining material. This chic two-piece model consists of a slip-on blouse and a four-piece bodice skirt. The blouse is trimmed with monogram 558, effectively embroidered in raised satin stitch.

2836—Ladies' and Misses' Dress. Designed for 34 to 48 bust and 14 to 18 years. Width at lower edge about 54 inches. Size 36 requires 2¼ yards 54-inch brown twill—¾ yard 40-inch tan silk crêpe for vest and cuffs. The deep open front has removable vestee which may be closed to the neck or rolled with the convertible collar. The front is gathered on the shoulders to a narrow yoke.

2871—Ladies' and Misses' Dress. Designed for 34 to 44 bust and 14 to 18 years. Width at lower edge about 61 inches. Size 36 requires 3⅞ yards 40-inch orchid crêpe—¼ yard 40-inch lighter orchid crêpe for trimming—1 yard blue ribbon. The charming frock for afternoon wear has the new plastron effect that is extremely becoming. Plaits are laid in the back of the skirt and tunic to give the fashionable back fulness.

2863—Ladies' and Misses' Dress. Designed for 34 to 42 bust, and 14 to 18 years. Width at lower edge about 46 inches. Size 36 requires 4¼ yards 40-inch gray silk crêpe—⅝ yard 40-inch light blue silk crêpe for facing. The woman who wants to be very smartly gowned this Fall will appear in a frock that flares in the back like this one.

2878—Ladies' and Misses' Dress. Designed for 34 to 42 bust and 14 to 18 years. Width at lower edge about 111 inches. Size 36 requires 2⅞ yards 54-inch brick red worsted—¾ yard 40-inch lighter red silk crêpe for trimming. A circular piece at back and sides gives a modish flare to this one-piece model. The up-standing collar and long sleeves are correct styles.

2871 2828 2841 2878

2863 2897 2836 2879

DESCRIPTIONS CONTINUED ON PAGE 92

Patterns may be purchased from any Pictorial Review Agent in the United States and Canada or by mail, postage prepaid, if you address the Company, 222 West 39th Street, New York City.

图版 052：1925 年的美国时装

SLEEVELESS FROCKS *with* SHORT JACKETS

4722

Jacket 4404
Frock 4733

4759

4757

Jacket 4258
Frock 4731

4722—Light dots on a dark ground make the jacket while the skirt is just the opposite—a smart note this season. Designed for sizes 14 to 46. Size 36 requires 2 yards 39-inch material for skirt—2⅜ yards 39-inch for jacket—1⅜ yard plain. Width at lower edge is about 3¼ yards.

4404—Another version of the short jacket is this with notched collar and patch pockets. It may be worn with almost any straight frock. Silk, linen, piqué and flannel are all suitable. Designed for sizes 14 to 48. Size 36 requires 2½ yards 39-inch blue material. Linen is smart.

4733—The bow is very chic this season and here the blouse is slit and fastened in a large bow. The waist smartly extends below the belt. Designed for sizes 12 to 40. Size 36 requires 3¼ yards 39-inch checked material—¼ yard 39-inch trimming. Width about 2 yards.

4746—This is one of the new frocks designed to show the sunburned back which is a very effective fashion during the season for tan. Designed for 14 to 42. Size 36 requires 2⅞ yards 39-inch plain material—¼ yard 39-inch dotted. Width at lower edge about 1⅞ yard.

4759—Excellent for the resorts and for wear at home during the Summer, is this frock with short sleeves—cut with the frock—and circular inset. Designed for sizes 14 to 46. Size 36 requires 2⅝ yards 39-inch print—3½ yards binding—½ yard white. Width at lower edge about 1⅝ yard.

4757—Simple lines make this frock very wearable. Its back may be low after the new sunburnt fashion—when, of course, sleeves are omitted. Designed for 14 to 48. Size 36 requires 2¾ yards 39-inch check—⅜ yard 39-inch red—⅜ yard plain. Width at lower edge about 1⅜ yard.

4258—Coat. **4731**—Frock. This coat of the seven-eighths variety, which is also a season's favorite, is especially modish when fashioned of a printed linen or cotton and worn with a plain frock. This frock combines two plain colors which are repeated in the coat trimming, making a striking ensemble. The coat is designed for sizes 14 to 44. The frock designed for sizes 14 to 46. Size 36 requires 1¾ yard 39-inch blue material for skirt and coat trim—2 yards 39-inch white for waist and coat trim—2¾ yards 39-inch print for the coat. Width of frock about 1⅜ yard. The new silks are also chic.

PARIS—LANVIN
4746

One of the very smartest of the season's costumes is that made of twin-prints. A short jacket is fashioned of a print like that of the frock, but the background is dark and the figure light, while in the frock this is just reversed.

4404 4258

4722 4733 4759 4746 4757 4731

Patterns, including Pictograf—"step-by-step" directions for Cutting, Sewing Together, and Finishing—are obtainable at leading shops throughout the world, and at Pictorial Review offices: prices given on Page 127.

图版 053：1929 年的美国时装

48　　COUNTRY GENTLEMAN　　May, 1936

YOU'LL MAKE THESE FROCKS IN COTTON . . . by MARY GRACE RAMEY

2874　2837　2882　2830　2852　2867

2874. We are all taking to shorts, topping them with a buttoned skirt for occasions, but you'll find them so comfortable for work and play you'll wear them much of the time. We have used a firm weave piqué for ours, using a lovely grass green, with buttons of white. Moccasin shoes of cotton with crepe-rubber soles are just right to wear with these or any sporty summertime togs. Designed for ages 14, 16, 18, and sizes 36 to 40.

2852. The diagram shows how easily made is the shirtwaist frock that is softened with gathers under its deep yoke. A pretty cotton with a crepy matelassé pattern makes it. Designed for ages 14, 16, 18, and sizes 34 to 40.

2837. Dress up in cotton and be cool. Use a shantung weave in one of its many colorful prints and follow the design planned to slenderize. Clip the removable white scarf at the neckline. Designed for age 16, and sizes 34 to 46.

2882. A rope print gives the nautical touch to the piqué used for the simple frock that buttons at the side. Make it with the small collar or the wide revers—you'll like it either way. Designed for ages 16, 18, and sizes 36 to 46.

2830. There is nothing cooler for summer when one is two to six than a crisp little pantie dress of cotton. Here is one that may be made for parties when it wears a frilled neck and puffed sleeves. For play the same design is sleeveless and without a frill. If the material isn't too sheer, few if any undies need be worn. Designed for ages 2, 4 and 6.

2867. So simple to cut that any amateur might make it, the cool sleeveless frock of slub-effect cotton is ideal for a sports dress of the more formal type. Note the front fullness, it's smart. Designed for ages 14, 16, 18, and sizes 34 to 40.

Patterns may be secured by mail, postage prepaid, from COUNTRY GENTLEMAN Pattern Service, 160 Fifth Avenue, New York City, 10 cents; in Canada, 15 cents. Be sure to state size required. COUNTRY GENTLEMAN Fashion Bulletin, with a complete selection of styles, by mail, postage prepaid, 10 cents.

图版 054：1936 年的美国时装

图版 055：Coro 花叶对夹
镀铑镶嵌莱茵石仿钻石及祖母绿，仿珠宝首饰的隐藏式装嵌。
专利号：1798867。
1935~1942 年。

图版 056：Coro 红鹭鸟胸针
银镀金镶嵌莱茵石仿钻石，施彩釉。
专利号：133742。
设计师：Adolph Katz。
1942 年。

彻底摆脱巴黎

在 Art Deco 晚期，巴黎虽然继续引领时尚潮流，但美国无疑已经承担了 Art Deco 风格首饰生产的大部分。美国的时装首饰设计师们从此变得越来越自信，这使他们开始摆脱对珠宝首饰的模仿，也开始摆脱对巴黎时尚界的依附，力图建立以美国时尚为主导的大众市场。对珠宝首饰的摆脱可见于 Miriam Haskell 设计的首饰，Miriam Haskell 在美国时装首饰历史上最先放弃对珠宝首饰的模仿而完全关注艺术设计的美。对巴黎的摆脱可见于 Coro 公司设计的首饰。从 20 年代中期到 30 年代中期，Coro 公司受到巴黎时尚的强烈影响，甚至公开抄袭法国大设计师的作品。20 年代后半叶以来，Coro 公司像巴黎同行一样很少使用人物题材，但已开始注重主题性题材，这些主题性题材多少有些创新的味道，因为它纯碎是美国文化的表达。到 30 年代后半叶，Coro 公司开始更多地设计独特、新颖的人物题材，而这正是美国时装首饰的特色。实际上早在 1933 年，Coro 公司就开始寻找设计人才以突破流行的 Art Deco 样式的设计，而不久以后他们发现了 Gene Verrecchio ——他为 Coro 公司的时装首饰设计作出了巨大的贡献。

图版 057：Miriam Haskell 项链及耳夹一套
俄罗斯古董金叶镶嵌莱茵石仿珍珠及钻石，手工编制
1940~1946 年

1939年欧洲再次爆发战争。在巴黎，有些时装店关闭了，如Chanel（香奈儿）；有些时装设计师出走美国了，如Schiap；甚至Vogue杂志也歇业了。巴黎作为时尚之都坍塌了，法国在很大程度上退出了时尚的舞台。不仅法国，实际上整个欧洲的时装首饰业都受到战争的摧残，许多时装和首饰设计师都选择移居美国。从战争爆发直到1941年，美国的中立立场使其置身于战争之外，国内生活也平静如前，即使珍珠港事件后美国宣布参战，战火也从未蔓延到美国大陆。美国时装首饰业与其说受到了战争的影响，毋宁说又一次“渔翁得利”：战争将时装首饰业所需的人材从战火纷飞的欧洲源源不断地输往和平、宁静的美国，他们不仅带来观念、技术，甚至带来紧缺的原料，这对于原料紧缺的美国来说尤为宝贵。二战时期这一波首饰人材流失的浪潮对欧洲具有致命的破坏性，而对美国的崛起则有至关重要的作用。

战前，美国从巴黎获得其时尚设计灵感的来源；战争开始后，这一来源被阻断了。Hattie Carnegie从1919年起就不断去巴黎参加各种展示会，每年旅行多达三四次。战争开始后，Hattie Carnegie就再也不能去巴黎了。Miriam Haskell也经常去巴黎寻求设计灵感和原料。1937年，她乘悬挂德国卐字旗的Bremen号（即后来著名的Ile de France号）邮轮再次跨越大西洋。航行途中的一天晚上她与船长共进晚餐。席间，她告诉船长她是犹太人。船长沉思片刻后回答说：“我们德国在公海上没有种族歧视。”Miriam Haskell立即明白了船长的暗示，因此换乘另外一条船回到美国。从此，她就很少去巴黎了。

战争使得美国失去了巴黎这一灵感的来源，这反而给了美国时装首饰业一次独立发展的机会。实际上正是战时与欧洲时尚的隔断才使得美国时装首饰业在战时独立而蓬勃地发展起来。美国此时只能依靠自己。也正是从这时起，美国的时装首饰设计师们终于彻底摆脱了巴黎的束缚，美国的时装首饰业终于获得了完全的独立。

这种独立性以及追求一种真正的美国风格，实际上获得了道义上的广泛支持：战时的爱国主义不仅使美国上层社会的淑女们改变了她们的偏见而接受美国本土的设计理念，而且也得到广大普通妇女的响应，因为随着电视的推广，电视、电影、杂志、广告使得时装首饰日益脱离社会的精英阶层而越来越接近普通女性。这种支持和响应可以从商业销售数据上得到证明：美国1942年的时装首饰销售额比参战前的1941年迅猛增加了30%！况且，由于物资的匮乏，战时的时装首饰并不便宜。例如，Coro公司1941年的Blazing Lily售价25美元，1943年的Toucan售价30美元；Eisenberg公司1942年的Bowknot售价15美元，1944年的Ballet Dancer售价30美元；

Trifari公司1943年的Spider售价18.5美元，1944年的Horse Head售价20美元；Hobé公司1944年的Chessman售价55美元。相比之下，当时美国平均周薪仅为30美元。

图版058：二战结束前后时装首饰广告组图

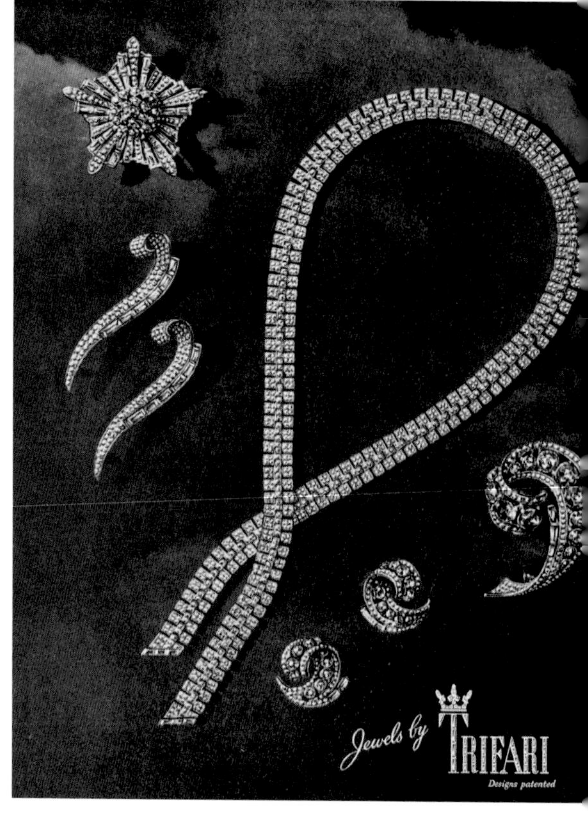

二战结束前后时装首饰广告组图

40
Town & Country
Coro
A TIME-HONORED NAME IN FASHION JEWELRY
extends best wishes to
TOWN & COUNTRY
on the occasion of their
one hundredth anniversary
1846-1946
CORO . . . THE WORLD'S LARGEST CREATORS OF FASHION JEWELRY

除了设计上的独立，战时美国的时装首饰商们还必须独立地解决原料问题，而替代材料的使用同样有助于美国的时装首饰形成自己的特色。美国时装首饰业所用的水晶、莱茵石、仿珍珠、合成宝石等原料几乎全部从法国、日本、奥地利、捷克斯洛伐克进口。1939年二战爆发后，这些原料对美国的出口逐渐减少直至完全停止。为了克服供货不足，美国的时装首饰商们开始寻找替代品。杜邦公司曾于1937年发明一种热塑丙烯酸类树脂Lucite，它可以在热压下变形，又可以像水晶那样透明，同时具有很强的染色性和光学性。美国的时装首饰设计师们抓住这一新兴的塑料产品，利用它在首饰中替代水晶制作动物身体，结果成功设计出所谓的“大肚”或“果冻”系列首饰，深受市场的欢迎。此外，由于战时限制民用工业使用铜、镍、锡、铅等战略金属，银成为时装首饰业在战时几乎唯一可以使用的金属材料。美国的时装首饰设计师们必须适应从以往惯常使用的白金属到银的变化，并尝试用银设计出新颖独特的时装首饰。在1942年 *Women's Wear Daily*（女装日报）上登载的广告中，Coro公司推出了第一款银首饰系列，并且宣称自己接受了金属管制的挑战：“美国人的方式就是将困难变成优势。”由于金属管制，珠宝首饰中黄金取代了铂金，时装首饰中镀金也相应流行起来。当时银的镀金层远比后来的厚，因此有着一种丰厚、温暖、更真实的感觉，并且由于新工艺的采纳，金色更强烈而持久。银镀金当时往往采用失蜡法制作，这种工艺甚至到今天都更多地用于珠宝首饰制作。银或银镀金的使用，同时使时装首饰的工艺质量也大大提高了。由于黄金和镀金的流行，时装首饰设计师们在整个40年代已经很大程度上放弃了Art Deco中那种白色或多色彩的颜色特征，转而追求比较温暖的金色光芒（黄金色、青金色或玫瑰金色），因此，这一时代又被一语双关地称为“黄金时代”。

图版059：Trifari天鹅胸饰
有机玻璃，镶嵌莱茵石仿钻石，银镀金。
1944年。

图版 060：Trifari 大鸟胸针
有机玻璃，镶嵌莱茵石仿钻石，施珐琅釉彩，合金镀金。
1941 年 ~1942 年。

战时，美国国内相对和平的环境、严格的物资管制，使得时装首饰几乎成为严酷生活的唯一点缀，也几乎是女性唯一放纵自己的手段。逃避现实使得战时的女性佩戴大量的时装首饰以减轻战争带来的痛苦和孤独。物资的匮乏、时尚的单调朴素、男女服装的千篇一律，迫使时装首饰设计师们寻求更有创意的设计方案，设计出各色各样比较有吸引力的首饰，其题材之宽达到前所未有的地步，最大限度地满足了美国妇女在战时的需要。甚至像 Cartier（卡地亚）这样的高档珠宝首饰商，也投入到时装首饰设计的开发之中。卡地亚首席设计师 Jeanne Toussaint 在 1939 年曾经授权美国一家时装首饰商生产自己设计的“国王和王后扑克头像”。1940 年卡地亚纽约设计制作了一种使用非珍贵材料的五星胸针，胸针表面釉下反射出美国国旗，公司还为此申请了专利（专利号 2220442）。到二战结束时，美国的时装首饰设计已经颇富特色，有趣、活泼、新颖，线条清晰有力，颜色鲜艳明快，多少透露出一些过分的格调——过大、过强、过艳以及更为大胆，题材往往受重大事件甚至爱国情感的影响。例如，Boucher 公司和 Trifari 公司设计了一系列花果题材的大胸饰，它们充满立体感，显示出盘曲环绕的造型。这种风格，早在维多利亚时期就出现在自然主义的设计之中，甚至可以一直追溯到 18 世纪。然而，Boucher 公司和 Trifari 公司的设计具有更强的真实性，特别是蔬菜、瓜果等农作物题材更显示出美国农业的特色，而花卉形象被设计得活跃、外在、富有情感，满足了和平时期人们对于色彩的渴望。那些旗、锚、翼等形象的首饰，则更直接地表达了战时的爱国热情。

图版 061：Trifari 俄罗斯舞者胸饰一对
镶嵌莱茵石仿钻石，施珐琅彩釉，镀铑。
设计师：David Mir。
专利号：131233/131234。
1942 年。

图版 062：Trifari 男女小童胸饰一对
镶嵌莱茵石仿钻石及红宝石，镀铑。
设计师：Alfred Philippe。
专利号：153551/153552。
1949 年。

图版 063：Trifari 牡丹胸针
镶嵌莱茵石仿钻石及海蓝宝，施珐琅彩釉，镀铑，镀金。
1942 年。

图版 064：Boucher 玉米胸针
镶嵌莱茵石仿钻石，施黄绿釉，镀铑。
设计师：Marcel Boucher。
专利号：128104。
1941 年。

图版 065：Trifari 怒鸭胸饰
镶嵌莱茵石仿钻石，施珐琅彩釉，镀铑。
设计师：Alfred Philippe
专利号：131865。
1942 年。

图版 066：Trifari 帆船胸针
镶嵌莱茵石仿钻石及祖母绿，珐琅彩釉仿贝壳，镀铑。
1940 年。

图版 067：Mazer 面具胸饰
镀铑，施彩釉，镶嵌莱茵石仿钻石、蓝宝石、红宝石、祖母绿
设计师：Louis Mazer
专利号：123910
1940 年

图版 068：Jomaz 高浮雕胸饰
镀金，镶嵌莱茵石仿钻石
1950 年

❀ Joseph Mazer 和 Louis Mazer 两兄弟在俄国十月革命后来到美国，并于 1927 年开始其时装首饰的设计制作。大约在 1930 年代初期，Marcel Boucher 离开 Cartier（卡地亚）后开始为 Mazer 合作，直至 1937 年离开。二战后不久，两兄弟分家。公司早期的首饰标志为 Mazer Brothers。分家后 Louis 的公司称为 Mazer，它于 1951 年停业；而 Joseph 的公司称为 Jomaz，它于 70 年代末关闭。

❀ Mazer 公司的时装首饰设计从一开始就定位在高档的仿真珠宝首饰上，无论材料和工艺的质量都很高，直到 1939 年都很少有人物题材。“珠光宝气的时装首饰”是这家首饰商在 40 年代的广告词。Jomaz 公司设计的高浮雕胸针和仿北京玻璃首饰均为其代表作。1949~1951 年，公司的首席设计师是曾为 Van Cleef & Arpels（梵克雅宝）工作的 André Fleuridas。

图版 069：Trifari 花朵首饰全套
镶嵌莱茵石仿钻石、珊瑚、绿松石，汽管式项链，镀金。
设计师：Alfred Philippe 。
专利号：149770/149837。
1948 年。

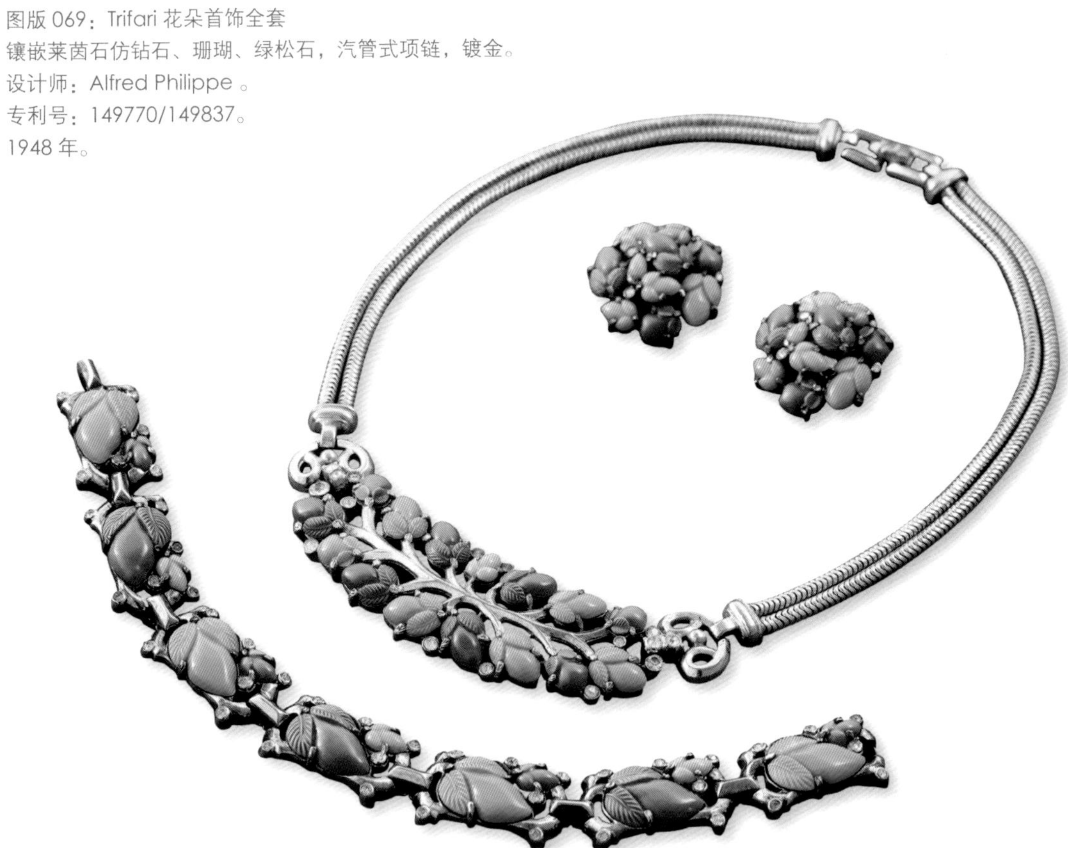

从历史角度审视三四十年代美国时装首饰，就会发现美国时装首饰设计师的创作灵感来源于意大利的文艺复兴、西班牙的巴洛克风格、法国的洛可可样式、英国的维多利亚传统、德国的功能主义、斯堪迪纳维亚的设计、美国的建筑、远东和南美以及俄国丰富多彩的造型与颜色等等，甚至还从实用工具和机械装置汲取灵感，汽管、履带、链条、弹簧、筛网等都被赋予美感而变得浪漫起来。美国时装首饰的风格已经从欧洲文化的桎梏中解脱出来，并且已经获得了自己的表达方式。在美国人的带领下，在时装首饰领域，似乎一切都变得可能了。这些时装首饰所表达的，与其说是一种风格，毋宁说是一种文化，一种美国式的大众文化。而这种文化拒绝单一主题、单一样式、单一材料，甚至单一工艺，其多样性、丰富性是无可匹敌的。正是在这个意义上，现代的时装首饰在装饰艺术的历史中具有巨大的文化重要性。

图版 070：Trifari 家蝇胸针
镶嵌莱茵石仿钻石，施珐琅釉仿珍珠，镀铑。
设计师：Alfred Philippe
专利号 120303。
1940 年。

图版 071，Trifari “二不猴” 胸针
镶嵌莱茵石仿钻石、红宝石、蓝宝石、祖母绿，镀金
设计师：Alfred Philippe
专利号：129317。
1941 年。

图版 072：Rebajes 戏剧脸谱铜手镯
1941~1942 年。

图版 073：Rebajes 戏剧脸谱铜袖口领带夹（男装）
1945 年。

Francisco Rebajes 设计的时装首饰是彻头彻尾的美国式样。他 1906 年出生于多米尼加，后来随父母移居美国。他几乎没有受到完整的教育，曾经尝试过各种谋生手段。1931 年，在第一届纽约华盛顿广场艺术展览上，Francisco Rebajes 展示他用罐头皮等废弃金属制作的动物系列。他的作品立即吸引了纽约 Whitney 博物馆首任馆长 Juliana Force 的驻足。Juliana Force 请 Francisco Rebajes 展览结束后将全部展品送到博物馆，随后花费 30 美元买下了全部作品。用这笔钱，Francisco Rebajes 立即租用了一个小工棚，开始手工制作各种动物造型以及时装首饰。10 年以后，1941 年 12 月 19 日，Rebajes 在纽约第五大道 377 号开辟了自己的首饰店。

Rebajes 的首饰大都使用黄铜，并且由 Francisco Rebajes 本人亲自设计。他的设计富于创造性，很有非洲和南美的味道，其动物、人物、抽象、几何以及样式化的设计在美国时装首饰界占有重要地位。

除来自东海岸的 Rebajes 外，另一间来自西海岸的 Renoir 也擅长使用铜上彩釉工艺，而后者的首饰设计更偏向抽象或几何式样。

图版 074：Rebajes 珐琅彩釉铜
耳夹项链手链全套
1950 年代。

图版 075：Renoir 珐琅彩釉铜手镯

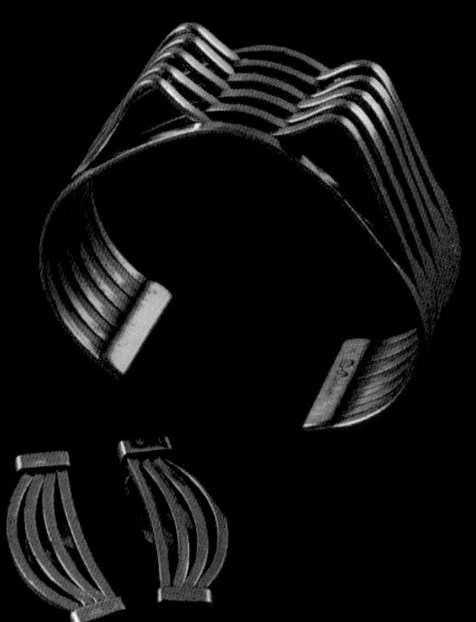

图版 076：Renoir 珐琅彩釉铜耳夹手镯

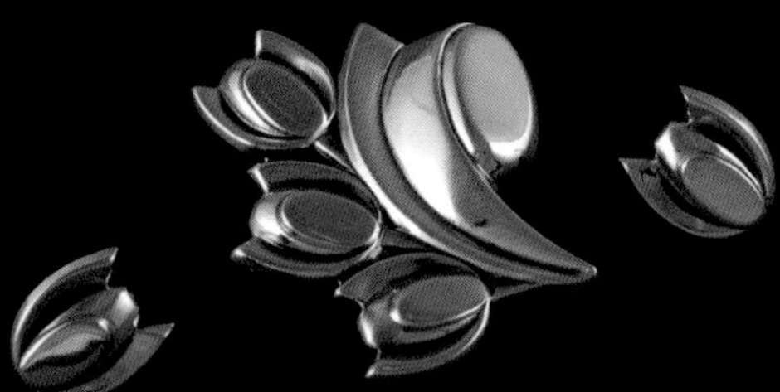

图版 077：Renoir 珐琅彩釉铜耳夹胸针

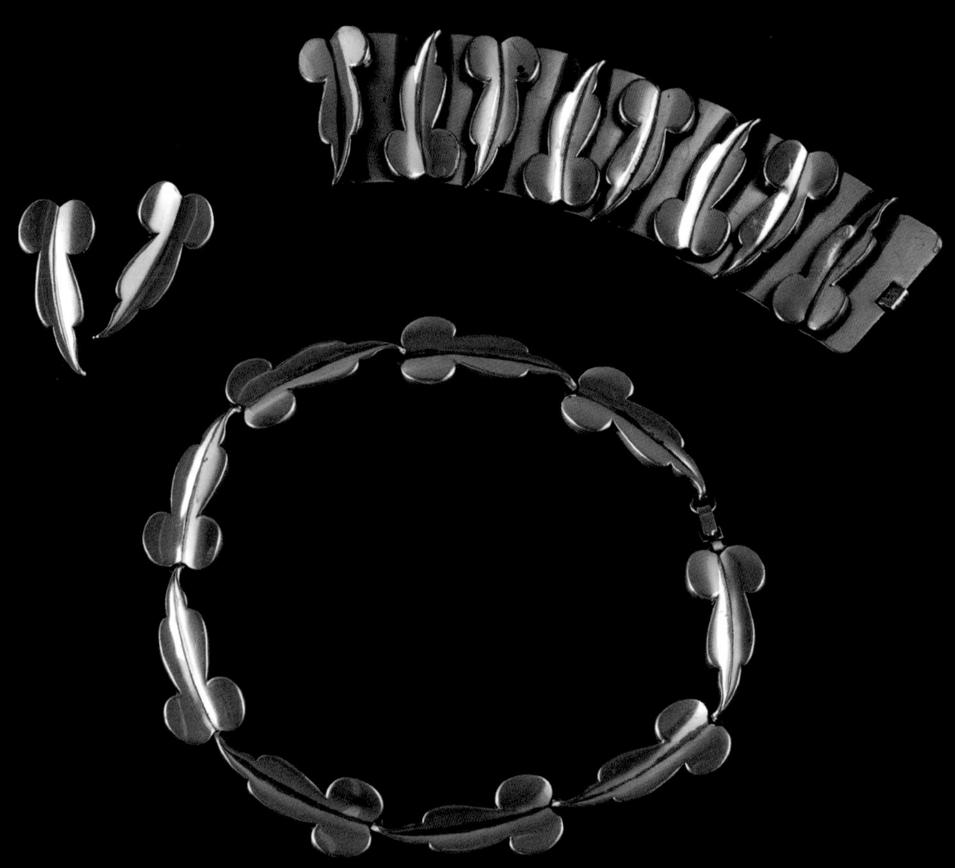

图版 078：Renoir 珐琅彩釉铜耳夹项链手链全套
1950 年代

Staret 公司仅仅在 1941~1947 年间存在了七年，然而其极为怪异、炫耀的设计在时装首饰史上留下了不可或缺的一页。

图版 079：Staret 鱼形胸饰
施彩釉，镶嵌莱茵石仿红宝蓝宝
1941 年。

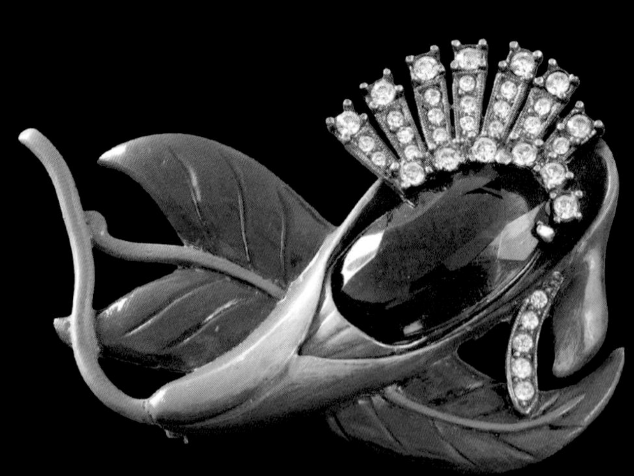

图版 080：Staret 百合花胸饰
镀金，施彩釉，镶嵌莱茵石仿琥珀
1941~1947 年。

美国时装首饰的“重要地位”，可以从当时时装首饰商在纽约的零售地点得到旁证。20世纪三四十年代，在纽约中城从31街到54街繁华的第五大道上汇集了大量时装首饰商，他们是：

Leo Glass	先后在第五大道298号、377号
Harves	在第五大道303号
Lisner	在第五大道303号
Hess-Appel	在第五大道309号
Albert	在第五大道339号
Reinad	在第五大道347号
Castlecliff	先后在第五大道358号、366号、417号
Déja/Réja	先后在第五大道366号、377号
Elzac	先后在第五大道366号、347号
Rice-Weiner	在第五大道366号
Rebajes	在第五大道377号
Trifari	在第五大道377号
Boucher	先后在第五大道383号、347号
Accessocraft	在第五大道389号
Ralph de Rosa	在第五大道404号
Miriam Haskell	先后在第五大道411号、392号
Nat Levy-Urie Mandle	在第五大道411号
Walter Lampl	在第五大道608号
Nettie Rosenstein	在第五大道680号

好莱坞

现代时装首饰在美国的诞生和独立，离不开好莱坞。实际上，时装首饰所展现的是美国人对于奢侈品大众化的理解，而这种理解最先得到电影明星的肯定。

1930 年法国“奇异首饰商会”（更名前为“假首饰商会”）举办了首次展览。时装首饰，特别是香奈儿设计的时装首饰所表现出的创造性，立即吸引了美国时装杂志的注意。有意思的是，法国媒体始终重视时装，倒是美国的媒体更加重视首饰。从此，这些季节性的时装首饰就引起了美国好莱坞影星的热爱。例如，Mae West、Carole Lombard、Barbara Stanwyck 都很喜欢 Hobé 公司的首饰，Joan Crawford 很喜欢 Hattie Carnegie 和 Miriam Haskell 公司的首饰，Bette Davis 很喜欢 Hobé、Schreiner 和 Christian Dior 公司的首饰，Mary Martin 很喜欢 Hobé 公司的首饰。二战以后，好莱坞著名演员 Marilyn Monroe（玛丽莲·梦露）很喜欢 Schreiner 和 Christian Dior 公司的首饰，Audrey Hepburn（奥黛丽·赫本）很喜欢 Givenchy 公司的首饰。这位电影 Roman Holiday（《罗马假日》）中安妮公主的扮演者与现实生活中的法国著名时尚设计师 Hubert de Givenchy 甚至维持了一生浪漫的友谊。除上述时装首饰商以外，Boucher、Trifari、Eisenberg 公司也很受好莱坞明星的追捧。30 年代中期，Eugene Joseff 进一步密切了时装首饰与好莱坞的关系。Greta Garbo

图版 081：Eugene Joseff
为葛丽泰·嘉宝设计的仿祖母绿钻石项链，由于尺寸太紧而未佩戴于 1936 年的电影《茶花女》中。

图版 082：Eugene Joseff 设计的仿珍珠项链
Bette Davis 在 1939 年的电影 The Private Lives of Elizabeth and Essex 中佩戴。

图版 083：1939 年的电影《乱世佳人》中的镜头 Scarlett 小姐（Vivien Leigh 饰）与 Butler 先生（Clark Gable）共进晚餐。

图版 084：Scarlett 小姐在镜头中所佩戴的 Eugene Joseff 设计的项链

图版 085：Eugene Joseff 设计的仿托帕石项链
Ona Munson 在 1941 年的电影《上海风光》（*Shanghai Gesture*）中佩戴。

（葛丽泰·嘉宝）在电影《茶花女》中，Katharine Hepburn（凯瑟琳·赫本）在电影《苏格兰的玛丽》中都佩戴 Eugene Joseff 设计的首饰。电影《乱世佳人》和《卡萨布兰卡》也都使用 Eugene Joseff 设计的首饰。Eugene Joseff 还为 Marlene Dietrich（玛琳·黛德丽）、Bette Davis、Vivien Leigh 等著名影星设计首饰。许多好莱坞女演员在演出后都向 Eugene Joseff 索要并佩戴她们在电影中所戴首饰的复制品。有些著名影星例如 Joan Crawford 还为 Joseff of Hollywood 时装首饰做广告宣传。此外，Miriam Haskell 的首饰也不断出现在舞台和银幕上，例如《剧院魅影》。

图版 086：Eugene Joseff 设计的箭形胸饰 Katharine Hepburn（凯瑟琳・赫本）在 1947 年的电影 Sea of Grass 中佩戴，佩戴方式仿佛箭穿心而过。

图版 087：Eugene Joseff 与演员 Katherine Wilson 正在挑选项链

图版 088：Joseff of Hollywood 设计的珍珠耳 Marilyn Monroe（玛丽莲・梦露）在 1953 年的电影 Gentlemen Prefer Blondes（《绅士爱美人 中佩戴。

图版 089：Joseff of Hollywood 设计的仿珍珠耳坠
Grace Kelly 在 1956 年的电影 High Society（《上流社会》）中佩戴。

图版 090：Joseff of Hollywood 设计的蛇形胸带
Elizabeth Taylor（伊莉莎白　泰勒）在 1963 年的电影 Cleopatra（《埃及艳后》）中佩戴。

图版 091：Joseff of Hollywood 设计的项链和手链
电视明星 Lucille Ball 曾佩戴。

面对现实生活的困苦，人们往往从电影中获得现世中难以获得的解脱。对美好生活的渴望，也使美国各个阶层的妇女都热衷模仿好莱坞影星的穿着打扮。这时的电影明星就像是当年的欧洲皇室。Mae West、Joan Crawford、Marlene Dietrich（玛琳·黛德丽）、Greta Garbo（葛丽泰·嘉宝）、Katharine Hepburn（凯瑟琳·赫本）等著名影星引领着时尚。效仿电影明星甚至成为30年代以来美国生活方式的一项基本特征。好莱坞深刻影响着美国公众的社会经济行为，包括购买活动。据估计，1936年全国

图版 092：Joseff of Hollywood 百合花耳夹项链
莱茵石仿紫水晶，铜镀俄罗斯金。
20 世纪三四十年代。

电影观众每周达到大约8千万人次，这还不包括海外的观众。1937年，Joan Crawford（琼·克劳馥）佩戴方巾出现在电影*The Bride Wore Red*（《红衣新娘》），立即引爆了方巾的生产和销售。随着越来越多的妇女用方巾、披巾取代帽子，使得制帽业受到极大的打击。实际上，我们所熟悉的许多产品包括好彩香烟、可口可乐饮料、卡迪拉克汽车等都是借助好莱坞电影而家喻户晓的。因此，好莱坞影星对时装首饰的青睐通过报纸、杂志而家喻户晓后立刻引起了广大女性的效仿和追随，时装首饰从而在美国掀起了热潮。许多时装首饰商抓住这一时机生产相应的首饰以满足大众的需求。例如，有感于Marlene Dietrich（玛琳·黛德丽）等人所佩戴的时装首饰对社会有着广泛的影响，为了让现实生活中的女人看上去像是电影明星，Eugene Joseff从1938年开始复制自己为电影设计的首饰以供零售。"*For movies, for stars, and for you*。"（《为电影，为明星，也为你》）这一策略使得Joseff of Hollywood的首饰销售大获成功。同样获得巨大成功的还有Trifari公司。因此，好莱坞在很大程度上促进了时装首饰的销售。

好莱坞的影响下，美国对时装首饰需求之迅猛和强烈，不仅使时装首饰商在商业销售上大获成功，而且使得这些厂商根本来不及模仿和追随巴黎的设计，他们必须跟上好莱坞的步伐，迅速满足好莱坞的需要，因此他们只得开始自己设计首饰，并且必须在美国本土完成这些设计。这就进一步促进了独立于欧洲之外的时装首饰设计体系在美国的形成。实际上，好莱坞由于过份依赖巴黎曾有过惨痛的教训。一次，法国著名时装设计师Jean Patou（让·巴杜）为好莱坞电影设计的裙子下摆过长，结果造成大量胶片作废。从此以后，好莱坞开始启用自己的服装设计师，例如Walter Plunkett（沃特·普兰克特）等人，而不再从法国时装设计师那里订制。

在这里，我们不仅可以看到从巴黎到美国的转换，还可以看到从现实到银幕再到现实的转换。著名时尚评论家Diana Vreeland（戴安娜·弗里兰）曾说，"在好莱坞，一切都比真的大"：大钻、大宝石，更光鲜、更炫耀，好莱坞所创造的是一种比较张扬的品位。反映到现实中的舞会、咖啡厅，时装首饰也是一派过大、过强、过艳等更为大胆的形象。此外，电影中历史重建所带来的传统风格的复兴，也反映在为公众设计的时装首饰上，尽管美国的首饰设计师并不太在意其历史的准确性。显然，好莱坞促使美国的时装首饰逐渐摆脱了巴黎的束缚而最终形成自己独特的风格。好莱坞开始对时装首饰发挥重大的影响，好莱坞甚至成为美国时装首饰风格的代言。在某种意义上可以认为，正是好莱坞最终决定了时装首饰的成功。

Christian Dior“新风貌”的出现

“40年代风格”实际上分为两段：战时和战后。时装史上通常将那种阴沉、穷气的战时风格称为“战争时尚”。随着战争的结束，乐观主义再次盛行，时装界面临的是对时尚如饥似渴的女人。在时装领域多年的男性化之后，1947年Christian Dior（克里斯汀·迪奥）将“新风貌”带到了时装界，它成为战后风格的代表。用Christian Dior自己的话说，“新风貌”就是Flower Women（花一样的女人）风格，它强调女性，着重表现女性身形之美，使女人更富有女人的味道，它力图使服饰在战后重新回到美化女性这一基本功能上来，重拾在战争和大萧条中丢弃的“美好时代”的那种矜持与和谐。“新风貌”强化女性的传统角色，力图再次使女人变成淑女。尽管这被批评为女性自由和独立的倒退，但其女性特征对于受够了战时严酷生活的女性来说，无疑具有很大的吸引力，受到女性极大的欢迎。实际上，“新风貌”就是为了满足饱受战争创伤的妇女对本性和浪漫主义的新需求而设计的。“新风貌”之所以获得成功，最重要的原因在于战后重建使得经济状况大为改观，社会各阶层之间的差距大为缩小，女性可以更为独立自主地表达自我的主张，而时装与首饰则成为个人价值和品位的体现，而不再是权力、地位和财富的手段。

“新风貌”非常主张女性佩戴华丽的首饰，这对于此后的时装首饰设计有着深刻的影响。“新风貌”的样式使妇女摆脱了战时服装的束缚，长裙、束腰、软肩所具有的古典气息使得首饰设计师们再次回到过去寻求灵感，从而使得时装首饰稍稍具有18世纪宫廷风格的味道。与这一时装风格相搭配的首饰，最明显的特点就是体量较大，而且与以往的首饰设计相比有着强烈的一维性。当女性的裙装更大，更饱满、更柔软时，随之而来的正是更大的首饰以获得协调。当轻型面料逐渐推广，短外套、低开领的样式逐渐盛行，胸饰的重要性便逐渐消逝，相反，项链和手链则愈加重要。随着更女性化的“新风貌”风格的流行，早先那种金色光芒再次转变为色彩缤纷，而1947年印度的独立，以红宝、蓝宝、祖母绿为标志的印度风格再次盛行，无疑使色彩缤纷的风格再次成为流行时尚。值得说明的是，“新风貌”的时装首饰进一步确认了时尚在时装和时装首饰中的主导地位，即完成了时尚到时装再到时装首饰这样一个清晰的流行脉络。相比之下，珠宝首饰并不处在这样的流行脉络上，也就不再是时装首饰的标杆。时装首饰设计甚至反过来开始影响到传统的珠宝首饰设计。

图版 093：Miriam Haskell 花卉首饰全套
彩色玻璃，塑料宝石，俄罗斯古董金叶。
1950 年。

“新风貌”使得巴黎在1947年再次回到时尚舞台的中心。而且，在“新风貌”盛行后不久，时装首饰的鼎盛时期就结束了：从1935年到1950年，时装首饰业在设计、用材、制作工艺方面达到顶峰。仅仅从专利申请数量就可以看出时装首饰在此期间获得的辉煌成就。第一件时装首饰专利大概是1928年Zodiac公司申请的（专利号是76039和76040）。1935以前，专利申请的数量很少。从1936年至1942年，专利申请逐年增加，美国参战期间有所减少，战后继续增加直到1947至1949年间达到顶峰。1950年以后，专利申请数量大幅减少。从1935年到1950年，共计大约4000件首饰设计被申请注册专利。除少数例外，这一时期最美丽的时装首饰都基于获得专利的设计，例如Marcel Boucher为Boucher，Adolph Katz为Coro，Jules Hirsch为DuJay，Ruth M. Kamke为Eisenberg，William Hobé为Hobé，Louis Mazer为Mazer，Solomon Finkelstein为Réja以及Alfred Philippe为Triffari所作的设计。当然，著名的时装首饰商中，Miriam Haskell、Eugene Joseff和Staret的首饰设计似乎从未申请过任何专利。总而言之，这一时期的时装首饰不仅质量最高，而且最具个性和创造性，即使模仿欧洲或美国的珠宝首饰也是如此。

❀ 美国专利和商标局（USPTO）对于首饰，无论是使用珍贵还是非珍贵材料的首饰，都在申请专利接受后授予功用专利（Utility Patents）或设计专利（Design Patents）。功用专利保护的是物件的使用和工作方式，设计专利保护的是物件的外观样式。两种专利不仅涉及首饰，也涉及任何种类的功用和设计。两种专利分别编号。

❀ 功用专利的数量远超设计专利。到1930年，功用专利的总数已经接近200万，而设计专利的总数则低于10万。功用专利的期限是17年，而设计专利最长7年，通常为3年半。因此，设计专利有助于判断首饰的制作年代。首饰往往是在专利授予之前生产的。有些公司如Trifari通常在首饰上打印专利号Des（ign）. Pat（ent）. N.，如果生产在专利授予前就开始了，则打印Pat（ent）. Pend（ing）.。专利申请不仅费用高而且等待时间长。设计专利的申请旨在于防止仿制或者说“风格侵犯”。

昙花的凋谢

美国的时尚从50年代开始发生巨大的变化。在Christian Dior的“新风貌”之后，时尚、时装和时装首饰不再显示出统一的风格，而是表现出纷杂的状态。然而，尽管这一状态很纷杂，似乎仍能梳理出一些大致的特征。

首先，随着和平与富裕生活的回归，奢华成为必需品，首饰明显地转向珠宝。1949年纽约百老汇音乐剧Gentlemen Prefer Blonds(《绅士爱美人》)中的歌曲《钻石是女孩的挚友》似乎拉开了这一时代的序幕，这首歌曲随着好莱坞著名影星玛丽莲·梦露在1953年同名电影中的演唱而将钻石再次推向所有女性面前。电影和娱乐圈重新开始追崇带有贵族气息的珠宝首饰。1956年，摩纳哥王子Rainier三世为身为好莱坞影星的未婚妻Grace Kelly购买了卡地亚设计的钻石皇冠和项链。随后，这就像滚雪球一样变成一种潮流：影星们在红地毯上只愿意佩戴珠宝首饰——往往是租赁来的价值几百万美金的珠宝首饰。她们再也不像过去那样佩戴着Eugene Joseff设计的首饰站在奥斯卡金像奖的颁奖台上了。伊莉莎白·泰勒更将这一潮流推向了极致。她的首饰显赫、昂贵，其光彩甚至超过了影星本人。在公开或重大的场合佩戴铂金、钻石、珍珠以及其他宝石的首饰再次成为时尚。宝石在首饰中重新占有主导地位。不仅腕表变为嵌有宝石的手镯，大牌首饰商甚至使用无切面彩色宝石作为其风格的特征要素。

通过珍贵材料体现奢华，成为50年代首饰的典型特征。黄金再次受到追崇，黄金首饰因为采用由金丝或金网构成的纺织图案而大受欢迎。这种“膨胀”的设计很好地满足了人们对黄金的虚荣。然而，尽管使用珍贵材料的珠宝首饰再次盛行，但其设计往往是陈旧的，大都基于“库存”的那些样式和题材。著名的高档珠宝首饰商完全沉醉于过去工艺精美、宝石无瑕的完美之中，似乎看不到进行任何设计创新的必要。

首饰的这种转向，自然也影响到使用非珍贵材料的时装首饰。时装首饰与珠宝首饰的区别曾经由于珠宝首饰大量使用半珍贵材料甚至非珍贵材料而变得非常模糊，然而，在50年代的经济腾飞中这一区别再次明显起来。现在，时装首饰不得不再次追随珠宝首饰，在造型、品质等方面向珠宝首饰看齐，其风格也明显地转向光耀、绚丽、奢华。50年代铸模、电镀、切割和玻璃工艺方面的革新大幅度提高了时装首饰的仿真程度，时装首饰的设计也朝着“看起来像真的一般”的方向发展，其“珠光宝气”甚至达到了难以置信的地步。例如，Eisenberg就热衷于“大得难信为真”的假宝石，许多时装首饰商热衷于设计仿珠宝的、夸张的成套时装首饰。50年代，仿佛北极霞光的假宝石 Aurora Borealis 由施华洛世奇公司成功推出；合成钻石，经过美国物理学家 Percy W. Bridgman（1946 年诺贝尔物理学奖获得者）等人的研究得以问世；塑胶，经过意大利化学家 Giulio Natta（1963 年诺贝尔奖化学获得者）等人的研究而得以开发。所有这些科技进步，都直接或间接地促成了时装首饰绚丽多彩、光耀奢华的局面。

图版 094：Trifari 花朵胸针
镶嵌莱茵石仿钻石、蓝宝石、祖母绿，
仿隐藏式装嵌，镀金。
1955 年以后。

图版 095：Trifari 花朵胸针
镶嵌莱茵石仿钻石、红宝石、祖母绿，
仿隐藏式装嵌，镀金。
1955 年以后

图版 096：Sherman 耳夹项链胸饰全套
水晶仿暹罗红色北极霞光，黑漆底，
1947 年以后。

其次，随着开放与宽容，首饰进入“鸡尾”时代。“鸡尾”首饰并不具有单一明确的风格特征，而是一种将相反的、对比的、早晚的要素混合起来的“混搭”。例如，各色宝石与传统设计的混搭，自然与机械、僵硬和流动、静止和动态设计的混搭，几何形、抽象化与柔软的、质感的、更充满运动感造型的混搭，老风格与新风格的混搭等等，甚至是优雅的香奈儿、惊艳的夏帕瑞丽，精致的Miriam Haskell这三位女性风格的混搭，更有同时佩戴时装首饰与珠宝首饰的混搭。“鸡尾”首饰大都比较大，比较夸张、张扬。由于差异化，混搭往往带来出其不意的效果。例如，在常见的花鸟虫鱼与少见的海星，松果、蘑菇、海星、贝壳设计中往往表现出很明显的生命力和冲动感。

“鸡尾”首饰总的来说是一种美国现象，它所代表的是美国时尚、美国文化和美国生活方式。好莱坞在50年代直接促成了一种新的社交活动，即傍晚的鸡尾酒会。这是一种半正式的活动，而时装首饰正契合这一场合的需要。在这些鸡尾酒会上，贵族、新富、名媛杂处其间。女人们为展露风姿往往会佩戴大胆、外露的“鸡尾”首饰。当生活变得日益轻松时，鸡尾酒会就变得非常盛行。实际上，这种半正式的社交活动在美国的社会生活中日益成为主要的活动场合，这就为各色各样的“鸡尾”时装首饰创造了需求并提供了很好的展示机会。美国的Napier、Coro和Trifari都是“鸡尾”首饰的领军厂商。

最后，虽然时代和技术在进步，但是时装首饰的质量自50年代以来逐渐下降。时装首饰越来越多地交由机械而不再由有经验的技师完成，销售方式以及营销对策也随之发生变化，时装首饰业进入了成本竞争的时代，这最终导致了时装首饰质量的明显下降。1950年以后，老牌时装首饰商中除Boucher、Joseff of Hollywood 、Miriam Haskell等继续向市场提供少量高质量的时装首饰外，其他重要的时装首饰商如Coro和Trifari，几乎没有生产出任何富有创意的、高品质的时装首饰。那些四五十年代设立的新公司，即使其中的佼佼者，所生产的时装首饰也没有达到前辈成就的高度，例如Weiss、Kramer、Stanley Hagler、Har等，而Coppola E Toppo大概是唯一的例外。50年代时装首饰质量的下降也许到60年代才能看得更加清楚，因为从那时起人们不再关心首饰的做工了。

60 年代以来：反叛与怀恋

60 年代，越战和冷战背景下的美国与西欧处于一个剧烈动荡的时代。这 10 年里发生了不少重大事件：1961 年越南战争的升级、1963 年肯尼迪总统的遇刺、1968 年马丁·路德·金被暗杀、同年法国的五月风暴……。1960 年美国诞生了历史上最年轻的当选总统——肯尼迪总统，这似乎预示着年轻人成为时代的主角。在 60 年代，虽然财富迅速积累，中产阶层日益强大，但年轻人变得非常反叛，到处弥漫着强烈的对立情绪。60 年代还是一个自由主义盛行的时代，即一切都可以接受。好莱坞已经失去了引领时尚的领导地位。各种各样的面貌、风格、创造，都共存于世。虽然女性分为激进和保守两派，但反叛的年轻一代似乎主导着一切。年轻人完全按照自己的喜好自由地选择风格、样式或时尚，各种风格、样式和时尚上的夸张程度甚至到了无以复加的地步。服饰的基本规则也随之经历着一个巨大的变革，着装变得更为反叛和随意，正式的、优雅的老一代时尚被年轻人抛弃，年轻人开始主导时尚的趋势。

观念过时，成本高昂，使得高档时装业与时代相脱离。实际上，参与法国巴黎 1968 年 5 月风暴的年轻人持有同样的看法，他们甚至认为，穿着开司米毛衣都是一种资产阶级的罪恶。对高档时装和奢侈品的排斥，使得整个高档时装和奢侈品行业在整个 60 年代都处在萎缩的状态。早在 1959 年，敏锐的 Pierre Cardin（皮尔·卡丹）大概就意识到时尚风气的转变，大胆地将成衣送入大百货公司 Printemps（巴黎春天）销售，成为第一位设计并销售成衣的高档时装设计师。为此，他被法国时装商会剥夺了会员资格。然而，高档时装的大众化似乎是一个趋势，不久以后 Pierre Cardin 的资格便得到恢复。1962 年，著名的珠宝商卡地亚出售了其纽约店；1965 年，又出售了巴黎店，从此卡地亚家族完全退出了珠宝业。为使悠久的传统和精湛的工艺资本化，投资公司 Richemont 陆续收购了卡地亚巴黎、卡地亚纽约、卡地亚伦敦诸店，并且通过特许方式建立了全球销售网，从此开始了普通公众都可以买得起的 Les Must de Cartier“不可或缺的卡地亚”时代。1968 年，高档时装店 Balenciaga 突然关张了。Cristóbal Balenciaga 被 Christian Dior 尊称为“我们大家的宗师”。他曾经为西班牙王室、比利时王室设计服装。二战期间，欧洲各地的顾客甘愿冒着战火的危险来巴黎参观他的设计。一个脍炙人口的故事是，肯尼迪总统夫人购买了 Balenciaga 时装，这使得肯尼迪总统非常生气，因为他担心美国公众会认为这太奢华了。最后，这份时装的账单只得由总统夫人的公公老肯尼迪支付。这个故事清楚不过地表明高档时装业在 60 年代的境地。

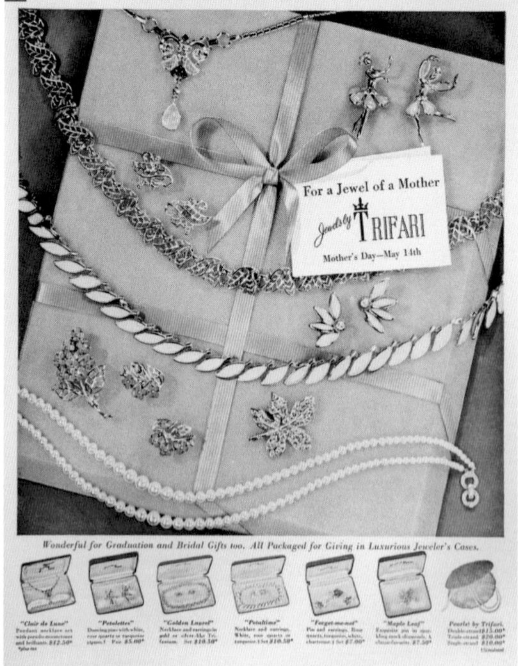

图版 097：40 年代末到 60 年代初时装首饰广告组图

1：1948 年 Kramer
2：1949 年 Trifari
3：1950 年 Coro
4：1950 年 Trifari

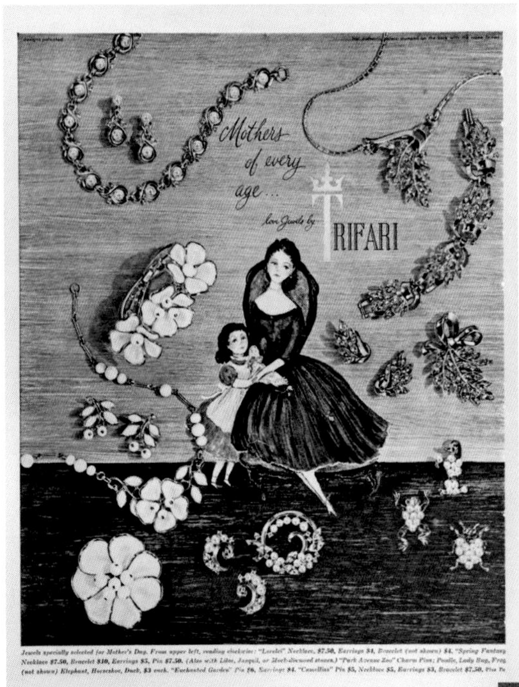

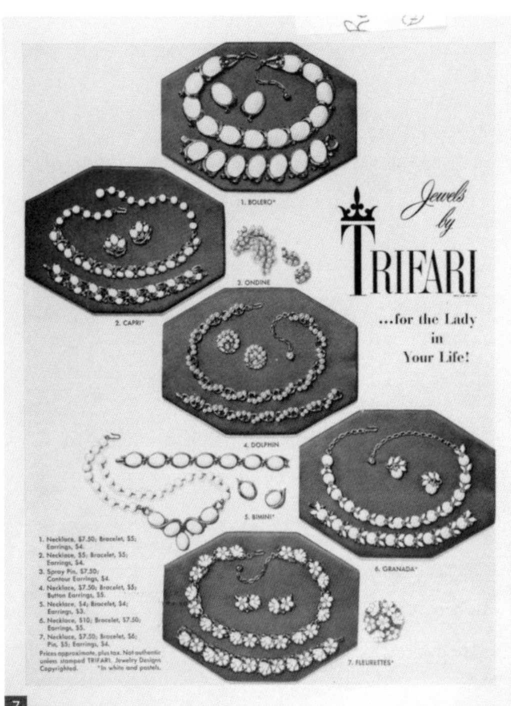

5：1952 年 Trifari
6：1953 年 Trifari

7：1955 年 Trifari
8：1955 年 Coro

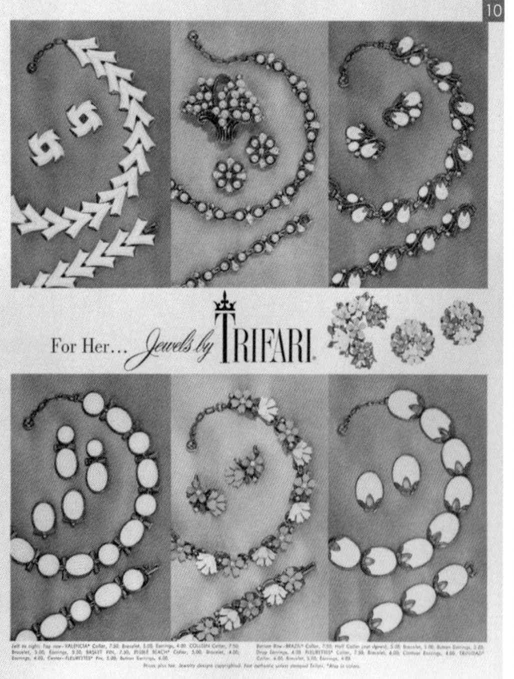

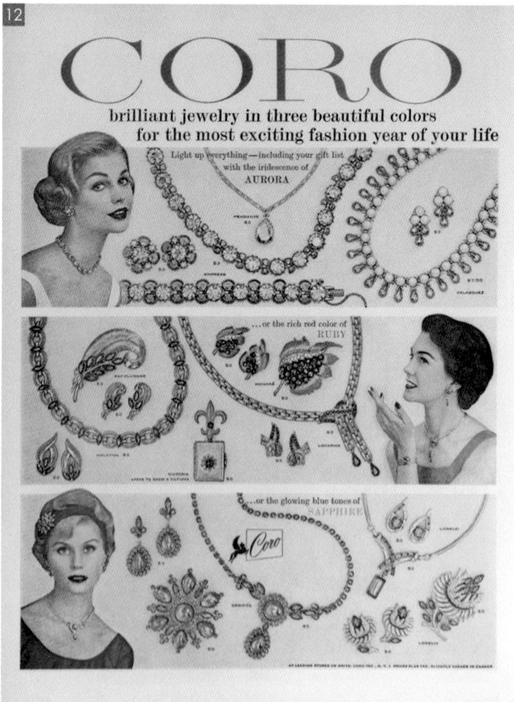

9：1956 年 Coro

10：1956 年 Trifari

11：1957 年 Trifari

12：1958 年 Coro

"Punctuation White"

Striking accents from Trifari's full-range collection of fashion-white jewelry. Illustrated, necklaces and bracelets, $5 each; earrings $4. Other styles up to $20. Prices plus tax.

Jewels by TRIFARI

For every frantic, tired, timid, loving, puzzled, harassed, generous, cost-conscious, eager, affectionate, awkward, dear, tongue-tied, considerate, gentle, undecided, shy, confused, sweet man who still has to do his Christmas shopping, Trifari suggests...

that any or all of these will be received with pride, joy, hugs, kisses, surprise, delight, squeals, happiness, bliss, contentment, kisses, gladness, satisfaction, you-shouldn't-have-but-let-me-kiss-you-again.

Trifari's Christmas Collection in golden-toned Trifanium with simulated pearls, some flicked with rhinestones. $5.00 to $12.50, plus tax. If you take this page to your nearest store, the sales people (especially the Christmas help) will greet you with humble gratitude, enormous good will, sublime respect, maybe even gift wrapping. (A customer who knows what he wants!) Why, thank you! Merry Christmas to you, too!

Jewels by TRIFARI

13：1959 年 Coro

14：1960 年 Trifari

15：1962 年 Trifari

16：1964 年 Trifari

60年代的反叛和对奢华的排斥甚至影响了首饰教育，美术学校中教授贵金属技艺的老师渐渐地失去教职，而学生在设计中如果不使用木、纸、铜等廉价材料就不能算作完成作业。

60年代似乎很快就送走了过去的辉煌，这引起了不少时尚设计师的惆怅。1972年，Giuliano Fratti感叹到："不幸的是，今天的时尚业已经走向了另外一条道路，使我不能再像过去那样用我全部的热爱和激情去工作。"70年代以后，服装上一切规矩的残余都彻底消失了，从佩戴的首饰上很难区分佩戴者的社会地位。拥有贵重首饰对有些人来说仍然重要，但这只是个人选择或支付能力的问题。

世道变了，时尚变了，珠宝变了，时装首饰也在劫难逃。1961年维多利亚与阿尔伯特博物馆举办了"现代首饰国际展"（International Exhibition of Modern Jewellery 1890~1961）。展品虽然也有著名的首饰品牌，更有一些年轻首饰设计师的作品。年轻人开始为年轻人设计首饰，年轻人开始推行自己的时尚，表明这一领域正在发生革命性的变化。60年代的时装首饰风格迅速地从奢侈、精美转向明快、大胆。时装首饰设计不仅空前的自由、自我，而且在影视等大众媒体的推动下，追求更张扬、更外露的效果。无论是耳坠、手链、戒指、项链还是胸饰，都大得出奇，甚至近乎疯狂，充满视觉的冲击力。"我没有任何恐惧，也没有任何对错的预设。我像一个肆无忌惮的小丑在表现我自己的风格。"60年代初成立的时装首饰商Kenneth Jay Lane这句话很好地概括了年轻一代时装首饰设计师的心态。到60年代末，时装首饰不再纯粹是装饰，更像是宣示社会政治主张的雕塑，成为一种深受观念艺术影响的自我表达工具。不仅如此，时装首饰设计师还受到Pop艺术的深刻影响，试图跟随Andy Warhol的脚步，将首饰设计传达给最大范围的公众。正是出于这一观念，Kenneth Jay Lane要求Jacqueline Kennedy Onassis，这位昔日美国肯尼迪总统的夫人，后来嫁给希腊船王的贵妇，同意将为她定制的项链用于商业销售，从而使其他女性都可以得到佩戴的机会。与这一故事截然相反的是，Givenchy在1957年设计了一款名为L'Interdit的香水，专供奥黛丽·赫本使用而多年没有上市！

图版098：Kenneth Jay Lane 项链
双鱼双凤铸板，仿红宝石、祖母绿、珍珠、珊瑚及蜜蜡。
大约20世纪60年代。

Michael Chernow 和 Joseph Chernow（通常被称为 M & J）两兄弟是俄国后裔，他们在 1937 年成立 Monet 公司专门经营自己擅长的金属首饰。该公司的金属首饰大都采用独有的三层镀金技术而不采用任何镶嵌工艺。Monet 公司的镀金金属首饰以一种廉价的方式模仿贵重的金首饰，在六七十年代深受年轻人的欢迎，以致于成为全世界各大百货公司时装首饰的主要供应商之一。

图版 099：Monet 镀金耳夹项链手链一套
Damita 系列，20 世纪 60 年代。

60年代以来，为了适应年轻的一代，时装首饰商们不得不快速运转以跟上年轻人那种前卫、多变的时尚。然而，成也时尚，败也时尚，时尚的迅速变化有时会成全一家时装首饰公司，也会迅速毁灭一家公司，这使得许多老牌的时装首饰商无所适从。60年代以来，年轻的设计师和年轻的消费者固然很看重自我的表达，但是大家在快速运转的商业社会体系中——无论是生产体系还是消费体系——似乎无暇顾及品质。品质不再是时装首饰的价值和生命所在。60年代以来，为了从年轻人小小的钱包里掏出每一分钱，时装首饰商们千方百计设计价格低廉的时装首饰，这使得时装首饰完全摆脱了时装的精英路线而朝着批量生产服饰的方向发展。然而，伴随极度廉价的制作，时装首饰到70年代已经成为随手可扔的艺术。奢华优美的晚装首饰不再成为必需，即使在重要场合，昂贵的珠宝首饰都很少见到。更为严重的是，从60年代起青年女性佩戴的首饰越来越少，也越来越少佩戴首饰。这一趋势为许多时装首饰商撒下阴影，许多著名的时装首饰商在70年代都被迫关闭了：Carnegie在1970年关闭了，Weiss在1971年关闭了，Boucher在1972年被出售了，Trifari在1975年也被售出了，而Coro在1969年被出售，1979年便破产了。以美国为代表的时装首饰高潮终于消逝在波涛汹涌的消费社会的大海之中。

William de Lillo是一位比利时人。1952年，他去美国纽约大学学习艺术和设计。1954~1964年，他为蒂芙尼工作；1964年~1965年，他为卡地亚工作；1965年~1967年，他为Harry Winston工作。1967年，William de Lillo与Miriam Haskell公司原首席设计师Robert F. Clark一起创办了公司William de Lillo。William de Lillo公司的首饰都是限量版，而且工精料美。可惜的是，这家公司经营不到10年，在70年代中期就解散了。

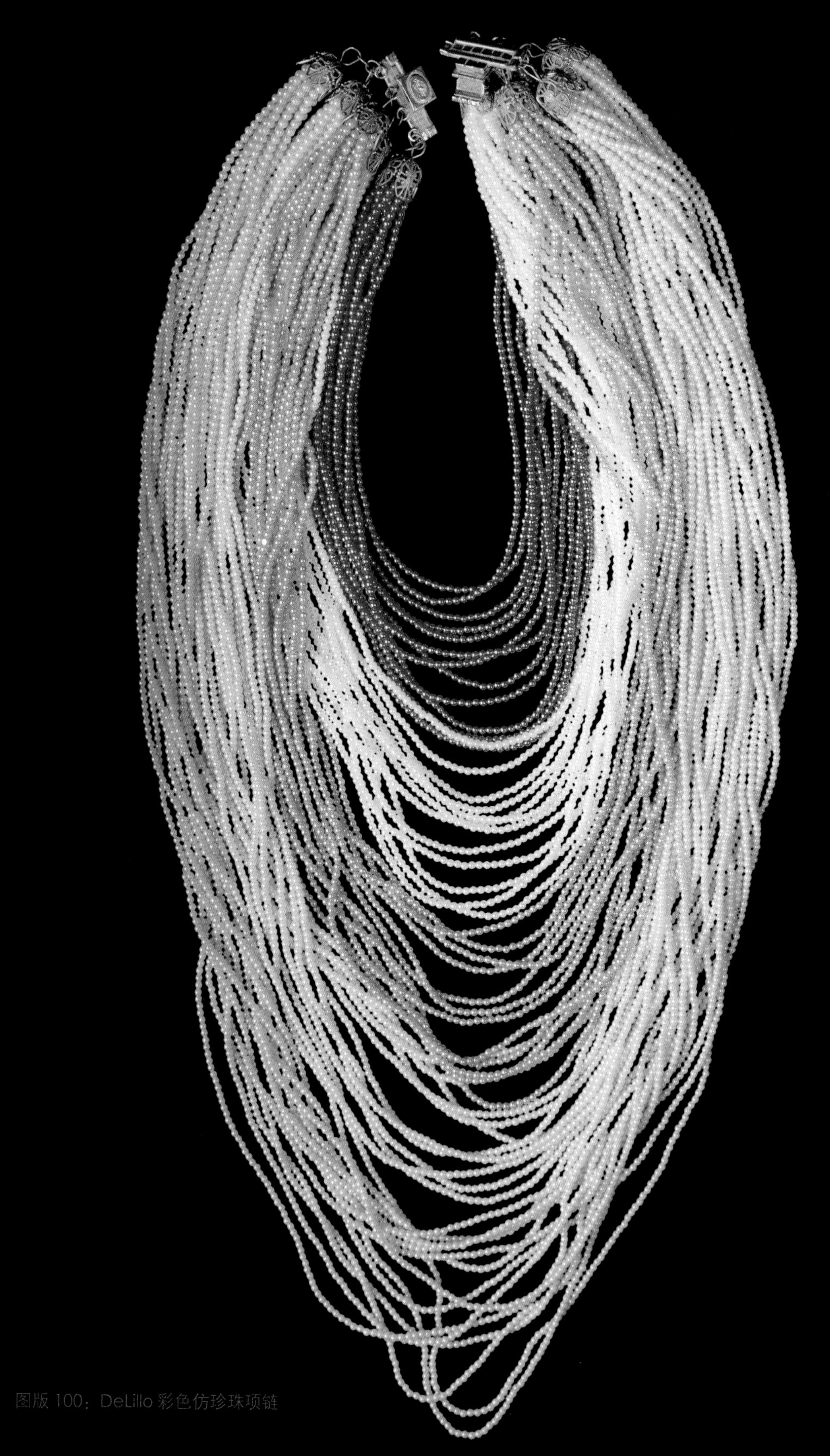

图版 100：DeLillo 彩色仿珍珠项链

❀ 其实，坚持小众路线的时装首饰商早在 50 年代初就开始被淘汰了，例如 Réja（Déja）。这家早在 1939 年开设于纽约第五大道 366 号的时装首饰公司始终坚持限量生产，并且主要瞄准中高档客户。公司主要设计师即公司创办人 Solomon Finkelstein 非常注重设计，设计也非常有个性，强调原创性，具有无可争议的艺术性。然而，在仿真风尚的严重打击下，这家公司 1953 年便宣告破产了。

图版 101：Réja 鸟形胸饰
镀铑，施彩釉，镶嵌莱茵石石仿钻石红宝。
1942 年。

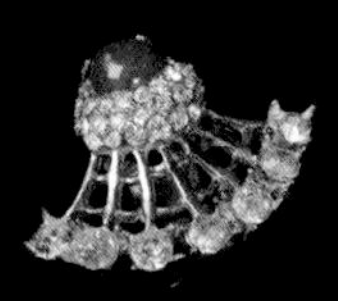

图版 102：Réja 小马耳夹胸针
银镀金，镶嵌莱茵石仿欧泊钻石。
1946 年。

图版 103：Réja 头像 Medusa 耳夹胸针
银镀金，镶嵌莱茵石仿钻石。
1946 年。

一个意想不到的后果是，它竟然从60年代以后引起了珠宝首饰的时装化：当代的高档珠宝首饰越来越向时装首饰的方向发展！珠宝首饰现在如果不是大批量生产的至少也是大量生产的，即使是限量版也动辄在成千上万件！当代的珠宝首饰中宝石也越来越细碎化，大量使用小克拉、低价格的宝石。如果高档珠宝首饰的这种“民主化”所带来的是美的享受，那么我们应该对这种“民主化”表示欢迎。可悲的是，现在的高档珠宝首饰并没有因为降低宝石的价值而提高设计的想象力，也没能给我们带来任何美的享受：它们既没有继承自己优秀的设计传统，也没有学习三四十年代时装首饰那种独创的精神。近几十年来，大牌珠宝首饰商大都已被家族出售而被投资集团所拥有——此时的卡地亚早已非彼时的卡地亚，更确切地说，它应该被称为“后卡地亚”。所有消费者都应该明白，投资集团关心的到底是首饰的艺术性、创造力还是品牌的推销！事实上，当代大牌珠宝首饰商们纷纷提取库存的样本以“怀旧”的名义进行无休止的复制，或者稍加改动、拼凑，以迎合大众的消费心理——这些“大众”消费者先是来自中东、日本，然后是俄国，现在是中国。因此，大牌珠宝首饰商通过“民主化”所推销的仅仅是品牌而已。殊不知，如果首饰设计没有灵魂，没有新意，没有艺术的创造力，那些细碎的宝石和老调的品牌又有何价值呢？英国皇家美术学院教授Gillian Naylor于1962年写道：“宝石越珍贵，设计就越缺乏想象力。”英国首饰艺术家David Poston在1983说道：“如果使用的材料比表达的思想更有意义，那么这只能说明我们迷路了。”

80年代中期以来，人们开始怀恋昙花一现的时装首饰，留恋它们精美的设计、高超的工艺以及与时尚完美的结合，“怀旧”成为时装首饰的一种欣赏趋势。90年代的时装首饰设计师们似乎也力图复制过去的辉煌，然而，在模仿一切中，我们再也不会见到那种艺术气质、时代精神，以及首饰设计师与佩戴者之间的心心相印。

博物馆界首先注意到时装首饰在历史上所作的贡献。1985年，维多利亚与阿尔伯特博物馆为Fior主办了一次20世纪服饰展览。Fior，即原来的Feldman & Inwald公司，是Trifari等时装首饰公司的主要供货商，也是英国最早经营时装首饰的公司之一。1956年，Fior被荷兰皇室颁发皇家特许权，成为时装首饰方面第一个获得此项殊荣的公司。在这次展览之后，Fior将其收藏的一些重要的时装首饰捐献给该博物馆作为永久陈列。1991年，维多利亚与阿尔伯特博物馆以Jewels of Fantasy（梦幻珠宝）为名，举办大型时装首饰展览，向公众全面、系统地介绍时装首饰在20世纪的发展。从那时起，博物馆、学术界和收藏家发表了许多专著研究和介绍20世纪的时装首饰。除博物馆以外，有越来越多的首饰爱好者开始收藏时装首饰，Andy Warhol大概是这些收藏者中最早的。Sotheby's曾于1988年在纽约拍卖Andy Warhol的收藏，其中就有不少时装首饰。现在，任何企图介绍20世纪首饰发展的专著都不可能绕开时装首饰，甚至像Christie's这样的拍卖公司组织撰写的有关20世纪首饰发展的专著也辟有专节讲述时装首饰，足见时装首饰的地位。毫无疑问，时装首饰在20世纪所作的贡献终于经受了时间的考验而得到广泛而严肃的肯定。

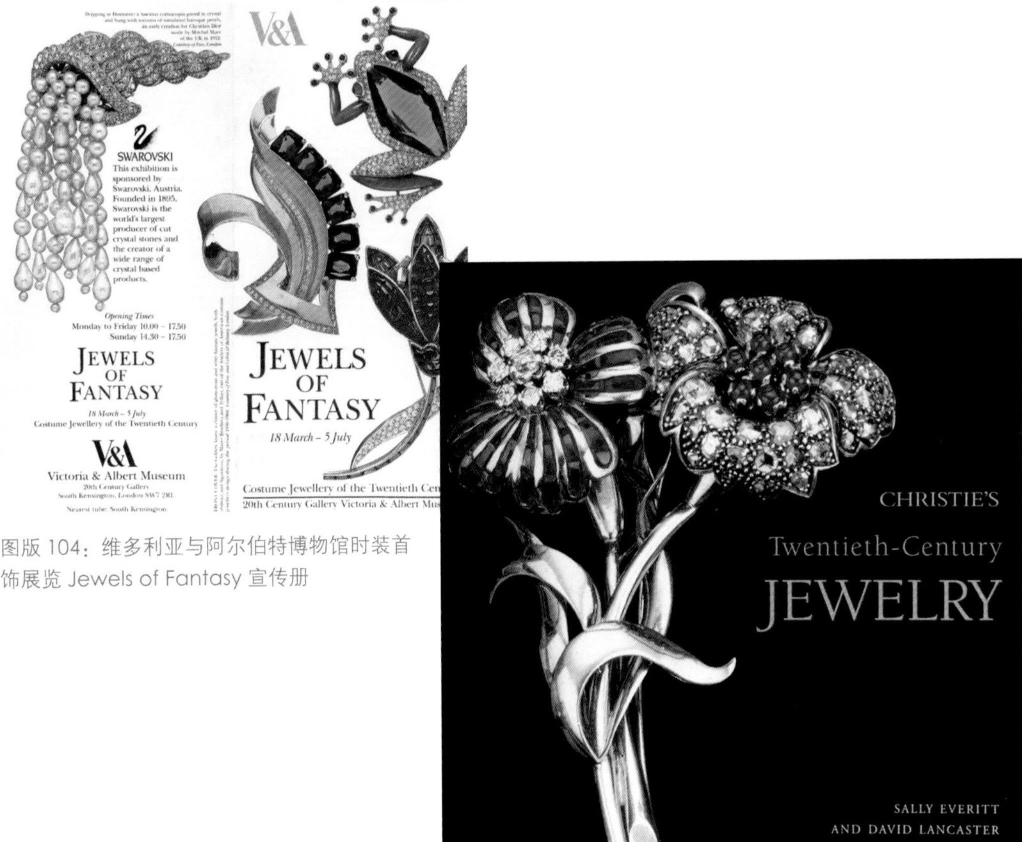

图版104：维多利亚与阿尔伯特博物馆时装首饰展览Jewels of Fantasy宣传册

图版105：Christie's《20世纪首饰》封面

使用非珍贵材料的时装首饰是现代首饰设计史的最后一章（艺术首饰家们 Artist Jewelers 一定不同意这一说法），因为从 Art Deco 以后，使用珍贵材料的珠宝首饰设计已经丧失了任何重要的创新；如果在世界首饰舞台上美国能占有一席之地，那么一定是美国的时装首饰，因为美国的时装首饰在 20 世纪三四十年代达到世界首饰史的高峰。正是基于上述两点，我们认为介绍时装首饰，特别是美国的时装首饰，对于我们了解首饰发展的历史非常重要。

虽然对时装首饰试图进行风格分析往往是误导的，但是那种认为一件成功的设计会长久使用进而也会持续生产的观点也是错误的，特别是对于 1935~1950 年生产的模铸首饰。第一，时装首饰与时尚紧密相连因此不能超越时尚存在。时装首饰商往往一年推出春秋两季以追踪时尚，因而即使很成功的设计也大都维持几季而不是几年。第二，即使原有的设计继续，那么使用的材料也会发生变化，例如二战战前、战时和战后使用金属的变化。第三，即使有些首饰商复制原有的设计（如 Retro Collection），仍能看出细节上的区别。

❀ 时装首饰的断代是一项极为复杂的任务。时装首饰断代的最好依据主要是打印在首饰上的设计专利号。断代的辅助依据包括：一，从 1928 年到 1950 年美国专利商标局（USPTO）注册的设计专利资料（大约 4000 件）。二，从 1928 年到 1970 年在美国版权局（USCO）申请的版权资料（版权直到 1950 年都极少，并且主要由 Coro 和 Trifari 拥有，1955 年以后版权才普及）。三，首饰标志，例如版权标志 ©。虽然 1947 年版权法就适用于首饰设计，但直到 1955 年 Trifari 赢得诉讼后，首饰设计才完全享有版权法的保护，而 © 标志才流行起来。又例如 Sterling 标志。1930 年代，时装首饰大都使用白金属，从 1942 年起，首饰商们开始使用银代替，1947 年以后这一限制才取消。因此 Sterling 标志大体上属于 1942 至 1947 这一区间。其他标志包括目录号、工匠款等。四，广告。许多图书、杂志和销售图录都包含有广告，这些广告往往含有年代信息。五，研究报告。

Chapter Three
Main Costume Jewelry Brands

第三章
主要时装首饰品牌介绍

虽然时装首饰是大量生产的，但是大多数时装首饰在使用中或使用后都被丢弃了，这使得它们反而很少被保存下来。因此，幸存的首饰未必能代表时装首饰历史的全貌，而下述所收藏的首饰也未必能与前一章中基于大量研究成果的描述相吻合。不过，我们相信，这些首饰及其品牌仍为读者具体、真切地了解昙花一现的时装首饰提供“管窥”“斑见”的途径。值得说明的是：第一，由于鼎盛时期的时装首饰大都是在美国设计生产的，因此下述品牌以美国时装首饰商为主；第二，有关时装首饰商及其品牌的资料不仅十分匮乏，而且记载多有出入，因此对其历史的介绍很难达到完整、准确、可靠的程度，敬请读者自甄。

Coro：1901 年

Coro 公司最早由 Emanuel Cohn 和 Carl Rosenberger 以 Cohn & Rosenberger 之名于 1901 年创立于纽约，后来从两人姓氏中各取前两个字母而将公司改称为 Coro，Coro 也于 1921 年注册为商标。Carl Rosenberger 于 1872 年出生于德国，1886 年移居美国。1910 年 Emanuel Cohn 去世后，Carl Rosenberger 遂成为公司董事长直到 1957 年 85 岁高龄去世。到 1929 年，Coro 就已经成为美国乃至世界上规模最大和最现代化的时装首饰生产商，后来又成为时装首饰业最早的上市公司。Coro 很可能是最早采用橡胶模具制作首饰的公司，这大大提升了公司的产量。在 30 年代的鼎盛时期，公司雇佣了大约3500名员工。在30~40年代，Coro还有“首饰学院”之美誉，因为这里为以工作换学费的学员提供了大量学习和锻炼首饰技能的机会。

❀ “注册商标”与首饰上的标志是不同的。首饰商有时在首饰上标志并非注册的商标，反之，注册的商标未必会实际用在首饰上。Trifari、Boucher和Coro注册了所有打印在首饰上的标志，例如Boucher公司使用的戴有Phrygian帽的MB标志。Trifari公司从1925年开始使用KTF标志，字母T（Trifari）略高于K（Krussman）和F（Fishel），而从1938年开始使用戴有皇冠的Trifari标志，这些标志均被注册，但注册于1938年的Jewels by Trifari商标通常仅用于广告。相比之下，Eisenberg最著名的标志Eisenberg Original从未被注册，而1945年注册的商标Eisenberg Ice从未打印在1935至1950年制作的首饰上。同样，Miriam Haskell在1935至1950年也从未注册其商标。Hobé在1935至1950年仅仅使用Hobé一种标志，但这一标志直到1948年才注册。Joseff of Hollywood公司早期生产首饰上使用的由印刷体字母组成的Joseff of Hollywood并非注册商标，而签名体的标志从1938年以来一直用于零售产品，但直到1947年才被注册。

Adolph Katz是Coro公司最富有创造力的设计师，他培育了首饰设计中的多样性和美感，并开发出对夹、颤动以及“大肚”系列等多种著名的产品。他不仅擅长创造发明，而且精通工艺技术，因此Coro大部分设计专利都是由他获得的。他第一件专利注册于1933年11月28日（专利号为1937347）。Adolph Katz在1937年被提升为公司首席设计师。从1924年加入公司直到60年代末，Adolph Katz将整个职业生涯都贡献给了Coro公司。晚年，他负责监督Vendome系列的生产。

1935年10~11月，Coro公司在*Vogue*杂志上连续三次登载广告，强力推销对夹（Double Clips）胸饰，使得对夹胸饰成为Coro公司标志性的产品。对夹胸饰有两个夹子，既可以分开又可以组合为一件胸饰佩戴。

❀ 对夹的机械设计是1931年法国Gaston Candas公司发明的（专利号为1798867）。1933年，Coro公司购买这一专利后，市场推销大获成功。这引起其他公司争先恐后地推出各种类似的设计，例如Trifari公司的对夹（Clip-mates），甚至更引起了Coro公司与Trifari公司之间的一场诉讼。与Coro折入构架的设计不同，Trifari用两根针滑入一个闭合的装置。Trifari公司1936年为自己的对夹设计申请了专利。

❀ 也有人认为，Louis Cartier看到一位农妇用木夹子夹衣服就萌生了对夹的想法，他为自己对夹的设计在1927年就申请了专利。

尽管Coro公司最早在1930年就开始申请专利，从1937年以后，设计专利的申请才完善起来。从此以后，虽然公司产品仍然主要针对中低端市场，但质量和工艺不断改进。1937 年时，公司还在生产具有 Art Deco 风格的白金属、铺仿钻石的夹饰，到 1938 和 1939 年，公司的夹饰产品中已经大量使用彩釉花卉和人物纹饰，甚至配有可颤动或可拆卸的装置。到 1939 年底，Coro 公司设计的胸饰已经变得越来越大，也越来越有立体感，往往使用镀金或镀铑工艺并且嵌有大块的彩色仿宝石。镀金和镀铑金属一直使用到 1941 年。之后，由于金属配额的限制转而使用银。战时，Coro 公司有大约 70% 的生产能力用于军事，而时装首饰只保持很低的产量。尽管如此，Coro 仍然能够继续生产出一系列设计美丽的首饰。

到二战结束后的 1946 年，Coro 仍然是美国最大的时装首饰生产商，而且也是唯一有能力生产从高端的 CoroCraft 到低端的 Coro 产品的首饰商。1946 年 5 月 10 日，*Women's Wear Daily*（女装日报）报道 Coro 公司的生产能力和发展计划时曾经提到，它打算在中国设立工厂来生产仿珍珠的材料。据 Coro 公司在中国的代表称，这一计划遇到许多困难，例如北平、上海、苏州昂贵的劳动力成本，因此这一计划似乎最终未得实施。为了加强莱茵石的供应，Coro 公司还曾在捷克斯洛伐克开设工厂。到 50 年代末，Coro 仍雇佣着大约 3000 名工人，而当时这个行业平均雇工只有 100 人。Coro 公司每年销售大约 800 万件首饰，其产品可见于各种商店，并且出口到欧洲、南美、非洲和印度。

Coro 公司在战时和战后一直保持强大的广告攻势，而宣传口号往往也被注册为商标。例如 1944 年的口号是 *Masterpieces of Fashion Jewelry*（“杰出的时尚珠宝”），1946 年的口号是 *America's Best Dressed Women Wear Coro Jewelry*（“全美最时髦的女性戴 CORO 的首饰”），1947 年的口号是 *For that Priceless Look*（“为了看起来无价”）。与此同时，Coro 公司还雇佣许多电影明星或名人作为代言人。

战后，昂贵的原料和生产成本，来自小企业的激烈竞争，需求从高端向低端的转变等使得 Coro 公司的发展遇到前所未有的困难。1948 年，Coro 公司不得不终止银首饰的生产，生产的重点也从胸饰转向项链和手链等，而且设计也变得更为轻巧以降低成本。50 年代，Coro 公司还试图使用廉价材料并利用“看起来像真的一般”的设计来降低成本甚至价格，以满足市场的需求。60 年代初期，设计师 Helen Marion 基于立体主义艺术家 Georges Braque 的作品，为 Coro 公司的品牌 Vendôme 设计了 6 件拼贴样式的胸针，开启了时装首饰从当代艺术家汲取灵感的尝试，很受市场的欢迎。然而，短暂的成功并未能挽救 Coro 公司的衰落。由于公司财务状况逐年恶化，1969 年公司被收购，1979 年经济危机后 Coro 公司宣告破产。

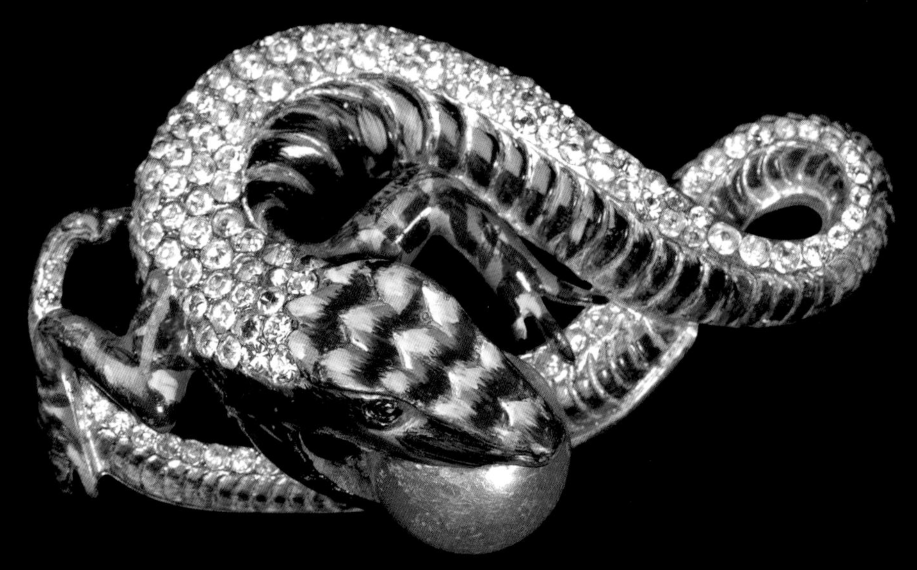

图版 106：Coro 蜥蜴胸针
银施绿釉，镶嵌莱茵石仿钻石珍珠。
设计师：Adolph Katz。
专利号：133469。
1942 年。

图版 107：Coro 黄蜂对夹
银镀金，施彩釉，镶嵌莱茵石仿钻石。
设计师：Adolph Katz。
专利号：133477。
1942 年。

图版 108：Coro 蓝鹭鸟胸针
银镀金，施彩釉，镶嵌莱茵石仿钻石。
设计师：Adolph Katz。
专利号：133742。
1942 年。

图版 109：Coro 蓝松鸟对夹
银镀金，施彩釉，镶嵌莱茵石仿钻石。
设计师：Adolph Katz。
专利号：133497。
1942 年。

图版 110：Coro 鹦鹉对夹
镀铑，施彩釉，镶嵌莱茵石仿钻石。
设计师：Adolph Katz。
专利号：127909。
1941 年。

图版 111：Coro 凤头鹦鹉对夹
镀铑，施彩釉，镶嵌莱茵石仿钻石。
设计师：Gene Verrecchio。
1941 年。

图版 112：Coro 巨嘴鸟胸针
银镀金，施彩釉，镶嵌莱茵石仿钻石海蓝宝石。
设计师：Adolph Katz。
专利号：135971。
1943 年。

图版 113：Coro 鹭鸟胸针
银镀金，施彩釉，镶嵌莱茵石仿钻石。
设计师：Adolph Katz。
专利号：137461。
1944 年。

图版 114：Coro 孔雀对夹
银镀金，施彩釉，镶嵌莱茵石仿钻石及彩色宝石。
设计师：Adolph Katz。
专利号：137682。
1944 年。

图版 115：Coro 猫头鹰对夹
银镀金，施蓝釉，镶嵌莱茵石仿蓝宝钻石。
设计师：Adolph Katz。
专利号：138960。
1944 年。

图版 116：Coro 石斑鱼胸针
银镀金，施彩釉，镶嵌莱茵石仿钻石海蓝宝。
设计师：Adolph Katz。
1944 年。

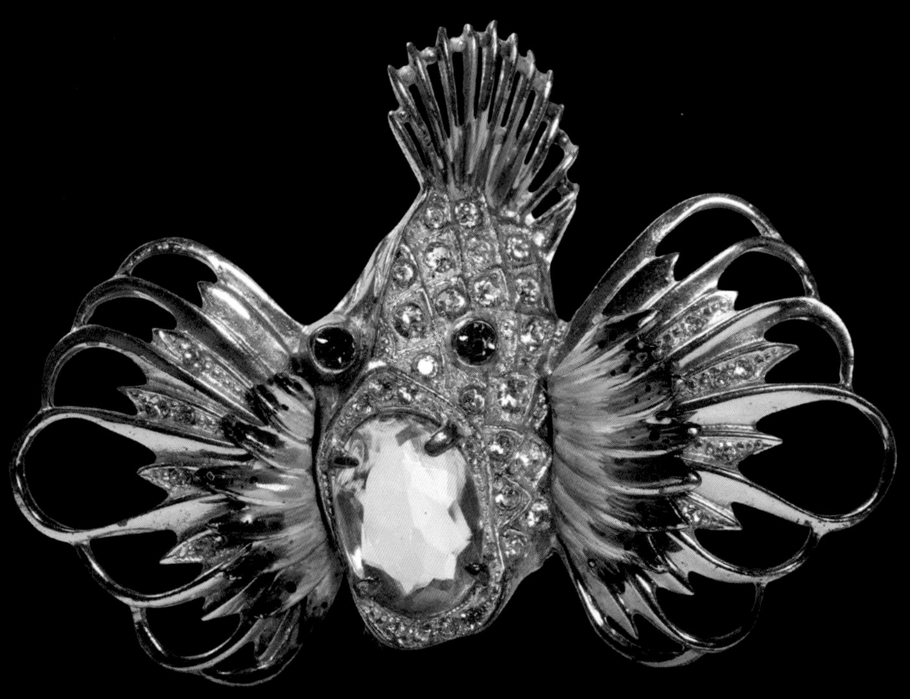

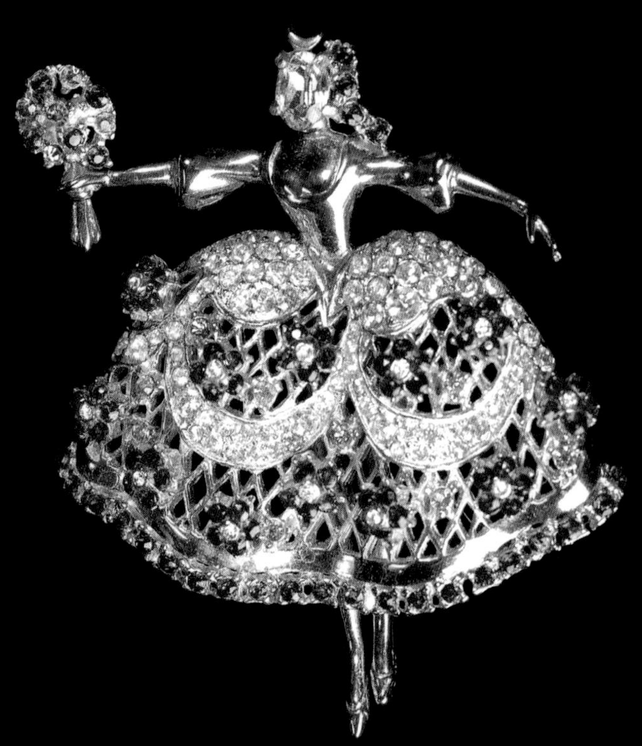

图版 117：Coro 爱情鸟耳夹手镯
镀金、镀铑，镶嵌莱茵石仿祖母绿，钻石，珍
设计师：Adolph Katz。
专利号：172097。
1953 年。

图版 118：Coro 舞女胸针
镀金，镶嵌莱茵石仿彩色宝石。
设计师：Adolph Katz。
专利号：162419。
1951 年。
此设计仿梵克雅宝 1940 年原创。

图版 119：Coro 花朵耳夹胸针
镀铑，镶嵌莱茵石仿钻石。
1948 年。

图版 120：Coro 耳夹项链手链全套
镀金，爪镶嵌北极霞光莱茵石托帕石。
1950 年代。

图版 121：Coro 耳夹项链
镶嵌莱茵石仿钻石。
1950 年代。

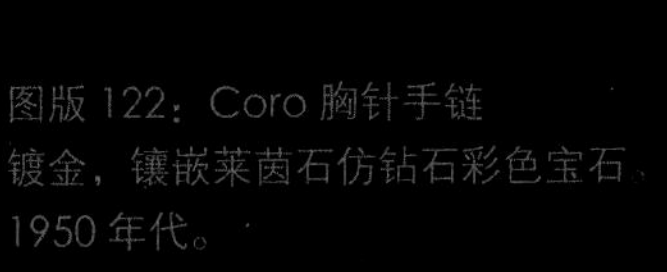

图版 122：Coro 胸针手链
镀金，镶嵌莱茵石仿钻石彩色宝石。
1950 年代。

图版 123：Vendome 仿 Georges Braque 头像胸针
镀金，施彩釉，镶嵌莱茵石，仿钻石，宝石。
设计师：Helen Marion。
1963 年以前。

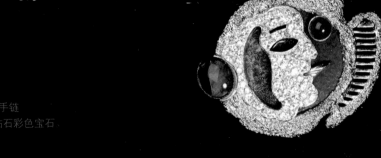

❀ Coro 首饰上所用的款识大体上随年代变化。例如，横写 Coro 主要用于 1919~1942 年，斜写 Coro 主要用于 1941 到 1942 年，Coro Craft 主要用于 1935~1941 年，方框内的 Sterling CRAFT Coro 主要用于 1942 年下半年，椭圆框内的 Coro Craft STERLING 主要用于 1942 年下半年到 1944 年春季，扁长方框内有飞马标志的 Coro-Craft Sterling 主要用于 1942 年下半年到大约 1945 年，飞马及厚长方框内 Coro CRAFT 主要用于 1944 年下半年至 1947 年末，飞马及厚长方框内 Coro 主要用于 1948 年，长方框内两行横写 Coro Craft 主要用于 1940 至 1941 年及 1948 年后，长方框内 Coro CRAFT 主要用于 1948 年以后。

图版 124：Eisenberg 斗鸡胸针一对
银镀金，施彩釉，镶嵌莱茵石仿蓝宝，钻石。
设计师：Ruth M.Kamke。
1944 年。
此设计仿卡地亚 1943 年原创

Eisenberg：1914 年

据说 Eisenberg 家族的生意早在 19 世纪 80 年代就从奥地利开始了。1914 年，Jonas Eisenberg 移民美国开始创业，成立了 Eisenberg & Sons 时装公司，其产品在美国最高档的商店里销售。从 20 年代开始，公司为自己的时装设计胸饰并搭配在所销售的时装上。搭配的莱茵石胸饰是如此精美以至于吸引了许多时装购买者的注意。当得知这些胸饰并不单独销售时，她们索性就“顺”走这些胸饰。这使得公司意识到这些胸饰深受欢迎，因此在 1930 年决定另辟生产线专门制作用于零售的胸饰，后来产品又扩大到项链、手镯和耳坠等首饰。1940 年，Eisenberg Jewelry 作为 Eisenberg & Sons 的一个子公司成立于芝加哥。Eisenberg Jewelry 一直是中等规模但主要服务高档时装首饰市场的公司。

从 1940 年至 1972 年，Ruth M. Kamke 一直是公司的设计主管，她是一名非常聪明的设计师，设计了 Eisenberg Original 和 Eisenberg Ice 系列中几乎所有的产品。这些首饰大都具有浓郁的18世纪贵族的气息。Eisenberg 公司早期设计的首饰比较大，往往是线条流畅、不对称的花结或卷花，而且总爱使用大块的莱茵石作为首饰的主体，很受好莱坞的追捧。二战期间由于铜等金属材料的紧缺，公司不得不使用银制作首饰，这使得产品变得轻巧，也更精致。该公司最为罕见而珍贵的是人物题材的首饰。Eisenberg 公司的首饰以用材高档著称，原料主要是从奥地利和捷克斯洛伐克进口的水晶，主要是施华洛世奇水晶。这种高铅莱茵石如雪花一般玲珑剔透，因此公司以Eisenberg Ice为商标。由于公司选择的施华洛世奇水晶品质极高，以致于战时有传闻说，有人曾将钻石混入Eisenberg所用高铅莱茵石中走私进入美国。该公司不仅使用原料讲究，而且工艺水平也十分出众，莱茵石全部是手工镶嵌的，有些首饰的金属架托甚至采用珠宝首饰行所用的失蜡法制作。由于工艺精湛并且大量使用施华洛世奇水晶，该公司在30和40年代被认为是最出色的时装首饰商之一。

图版125：Eisenberg美人鱼胸针
银镀金，施彩釉，镶嵌莱茵石仿钻石粉色水晶。
设计师：Ruth M. Kamke。
1946年。
此设计仿1944年Duke of Verdura原创

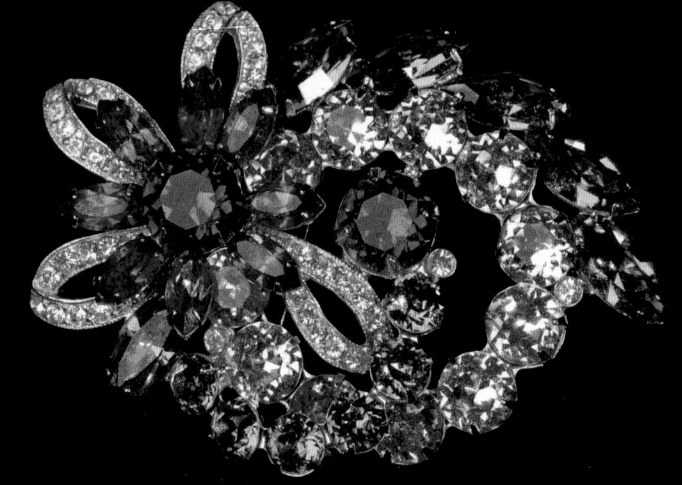

图版 126：Eisenberg 花朵胸针
镀铑，镶嵌莱茵石仿蓝宝钻石，
1950 年代。

图版 127：1946 年 Eisenberg 时装与首饰广告
图版 128：1946 年 Eisenberg 时装与首饰广告

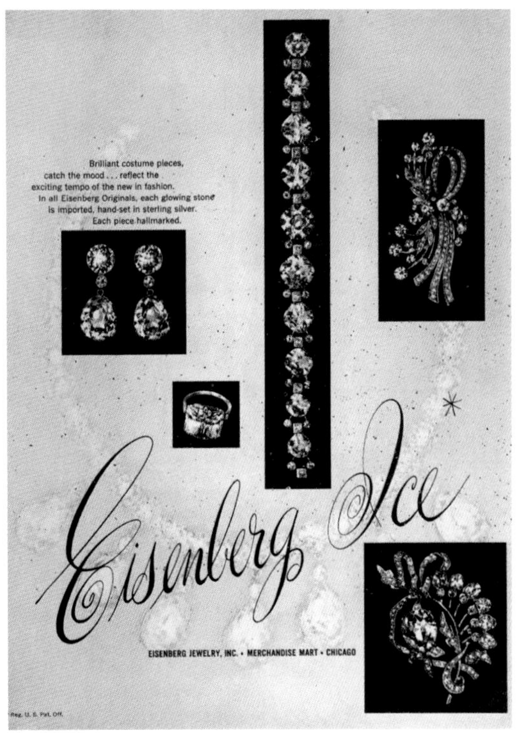

图版 130：1950 年代初 Eisenberg 时装首饰广告
图版 131：1950 年代初 Eisenberg 时装首饰广告

Eisenberg Original 标志最晚从 1938 年开始使用，直至 1942 年上半年。Eisenberg Original Sterling 用于 1943 到 1944 年间。Eisenberg Sterling 用于 1944 或 1945 年到 1948 年间。Eisenberg Ice 于 1941 年 11 月以后开始于广告，直到 1950 年以后甚至 1958 年才用于首饰，此前在首饰上则使用大写字母的 EISENBERG ICE。

Trifari：1925 年

始建于1918年的Trifari，是仅次于Coro的第二大时装首饰公司。Gustavo Trifari是一名首饰设计师，1883年出生于意大利首饰世家，1904年移民美国。他后来邀请出色的首饰推销商Leo Krussman加入公司，再后来又邀请Carl Fishel成为合伙人，到1925年终于结成三人组合，在纽约第五大道377号成立了Trifari Krussman & Fishel公司。由于这三个人在美国最早使用进口奥地利彩色莱茵石，因此被人们称为“莱茵石之王”。

Trifari Krussman & Fishel公司早期的许多首饰都是Gustavo Trifari设计的。到1930年，法国首饰设计师Alfred Philippe加入公司并在不久以后出任首席设计师。Alfred Philippe早年在巴黎设计学校接受教育，后来为美国重要的珠宝首饰商William Scheer工作，而该公司为卡地亚和梵克雅宝制作的首饰全部出自他的设计。这一经历使得Alfred Philippe的首饰具有设计精致、做工考究的特征，这从30年代后期Trifari公司使用红、蓝、绿三色莱茵石镶嵌的Fruit Salad系列首饰中可见一斑。这一精美的Art Deco风格显然受到20年代末卡地亚的印度风格首饰的影响。作为印度风格翻版的时装首饰，在Alfred Philippe的推动下，在30年代中期非常流行，而且在40~60年代被多次复制。在多年的设计生涯中，Alfred Philippe经历了各种时尚的变换，但始终表现出一位优秀艺术家应有的素养、天分、技巧，使他能最大限度地诠释并满足时尚和市场的需要。Alfred Philippe将所受的珠宝方面的训练和多年为珠宝商服务的经验带入时装首饰的设计和制作中，不仅极大地丰富了Trifari公司的时装首饰设计，而且他的设计也为整个时装首饰行业奠定了新的标杆。

1933年，Trifari Krussman & Fishel公司首次接受订单为纽约百老汇音乐剧*Roberta*（《罗贝塔》）设计和制作首饰，有史以来珠宝首饰商的名字第一次出现在节目单上。在1934和1935年，公司又分别为*The Great Waltz*（《翠堤春晓》）和*Jubilee*（《欢乐的节日》）设计和制作首饰。Trifari Krussman & Fishel是全美最早做广告的时装首饰商之一。公司商标以“皇冠”自居，足以显示公司在时装首饰业的地位和野心。

二战中，由于工艺质量卓著，美国政府委托Trifari公司为美国海军生产重要的零部件。利用为战斗机安装挡风玻璃的机会，Gustavo Trifari发现了许多被废弃的有瑕疵的飞机玻璃。极有想象力的Gustavo Trifari从这些废弃的塑料玻璃中萌生了一个大胆的想法：经过圆形切割将它制作为动物的大肚子装嵌在首饰上。这一想法促成了后来极受欢迎的“大肚”或称“果冻”系列。实际上，塑料玻璃非常适合制作当时流行的大件的、浮华的首饰。从1942到1947年，由于金属管制而使用银制作首饰期间，Gustavo Trifari 还发明了 Trifanium（钛）工艺，一种特殊的镀金和镀铑工艺。这种工艺使得首饰的金属架托有一种像银那样厚重的感觉。40 年代末，开始流行线条简单，造型轻巧的设计，Trifari 也开始追随这一风格，推出了 40 年代末最为重要的系列 Moghul——镶嵌西瓜或玫瑰切割彩色宝石并采用 Trifanium（钛）工艺的首饰。

Trifari 的首饰主要面向中高档市场，常常模仿高档的珠宝首饰。例如 1941 年的嵌钻石兰花和 1945 年的嵌红宝石太阳，都是仿制 Verdura 的设计。Trifari 的首饰设计细致、工艺精密、材料优良。特别是仿宝石镶嵌，遵循最严格的珠宝首饰工艺，而且在 1935~1950 年这一时期完全依靠手工完成，无愧于“莱茵石之王”的美誉。为了使制作工艺精益求精以满足高端客户的需求，Trifari 公司曾经放弃莱茵石转而采用经过变性处理的真宝石，例如 1934 年推出的 Cleo Gems 系列所使用的红宝石、祖母绿、蓝宝石和钻石，以及后来陆续推出的 Scheherazade 和 Moghul 系列中位居中央的大块彩色宝石。Trifari 早期追随 Art Deco 风格，后来追随好莱坞样式，再后来追求 Christian Dior 的“新风貌”。除主要模仿高档珠宝的晚服首饰外，Trifari 也设计和制作人物、动物和花卉等小题材的日装首饰。1939~1942 年，这些小题材的日装首饰往往被设计为镀铑或施釉的胸针，而且比较小巧。到 40 年代中期，这些胸针就变得比较大。

Trifari 的首饰无论在美国还是在欧洲都很受欢迎。法国著名时装设计师 Lanvin 夫人的女儿 Di Polignac 伯爵夫人曾出席在巴黎举行的 Trifari 新首饰发布会，并且购买 Trifari 首饰；为伊丽莎白二世设计加冕礼服的英国王室特许服装设计师 Norman Hartnell 也曾在自己的时装店中推介过 Trifari 首饰。1952 年和 1956 年，艾森豪威尔夫人两次向 Trifari 公司订购了首饰以参加总统就职典礼。这一举动打破了总统夫人佩戴珠宝首饰参加总统就职典礼的传统。为与镶嵌 2000 多块莱茵石的粉缎礼服相搭配，Alfred Philippe 设计了一款饱含古典东方美的珍珠项圈、手链、耳坠。艾森豪威尔夫人非常满意，因此在出席连任总统典礼时又从 Trifari 公司订制了一些首饰。艾森豪威尔总统夫人佩戴 Trifari 首饰的照片现在保存在美国华盛顿的史密斯学院。

1952 年，Gustavo Trifari 和 Leo Krussman 在前后一个月的时间里相继去世。Carl Fishel 则一直工作到 1964 年去世为止。此间，三位创始人的儿子们陆续接替了父辈的职位。从 50 年代末到 60 年代，公司陆续有新的设计师加入，其中包括 Jean Paris，他曾经为巴黎的卡地亚和梵克雅宝工作，1965年他回到纽约的卡地亚。1967年，卡地亚巴黎的设计师 André Bœuf 加入 Trifari 公司，并且最终取代任职将近40年的 Alfred Philippe 成为首席设计师。60年代以来的社会动荡对于战后奢侈品行业有强烈的打击。1975年即公司成立50年之际，Trifari 被出售。

Trifari 公司最早的专利，是 Gustavo Trifari 于1932年9月20日申请的（专利号为1878028），而该公司 Alfred Philippe 的第一件专利是1936年8月11日申请的（专利号为2050804）。Trifari 从1937年3月开始系统地注册其设计专利。由于战争的影响，1943年后专利注册数量减少，但到1947和1948年数量再次增加，50年代以来则再次减少。

图版132：Trifari 蝶花胸饰
镀铑，镶嵌莱茵石仿钻石红宝石祖母绿，仿隐藏式装嵌。
设计师：Alfred Philippe。
专利号：107135。
1937年。

Trifari 在时装首饰发展历史中最为重要的贡献，也许是它在1955年赢得的一场针对 Charel 公司侵权的诉讼。长久以来，在首饰界，一个很小的改变就足以被避免认为是侵犯专利，因此基于专利的诉讼非常罕见。已知仅有的设计专利案例，是1941年 Castlecliff 对 Brier 等公司的起诉。这种情形到1955年发生了转变。这一年，Trifari 公司将 Charel 公司告上美国纽约地方法庭，指其侵权。主审法官在初步禁止令中称："一件时装首饰可以被认为是一件属于版权法范围的工艺品；时装首饰可以表达作者的艺术观念，这并不亚于一件绘画或雕塑，因此应该受到版权法的保护。" *Women's Wear Daily*（《女装时报》）随即发表评论称，虽然"设计版权"并非新的概念，但是其保护效力从未在法庭上得到验证。长期以来首饰商总是试图通过"设计专利"保护其原创设计。由于专利的授予会耗时八个月，致使任何保护都不能发挥有效的作用。现在，由于"设计版权"可以在两周内获得，这使得时装首饰版权申请者可以迅速地应对任何风格侵犯从而实现版权保护。1956年，联邦法官批准了这一判决。这场诉讼的胜利，使得时装首饰设计的艺术价值得到承认，从而使其享有版权法的保护。这一判决随后在业内立即引起了连锁反应。1955年以后，随着版权延伸到时装首饰设计领域，设计专利申请迅速减少，而设计版权申请大幅增加。设计版权申请不仅费用低廉，而且有效期长达25年，还可以申请延期。从1955年起，版权标志 © 开始出现在首饰商标上。

Trifari 首饰共有两种商标，作为三人名字和 Trifari Krussman & Fishel 公司名字缩写的 KTF 和 T 字母上戴有皇冠的 Trifari。KTF 虽然于 1935 年注册，但从 1925 年以后一直使用，并且一直使用到 1937 年底。后来，由于公众比较热爱意大利的品牌，因此公司决定将商标改为更有意大利味道的 Trifari。戴有皇冠的 Trifari 商标从 1938 年以来开始使用。

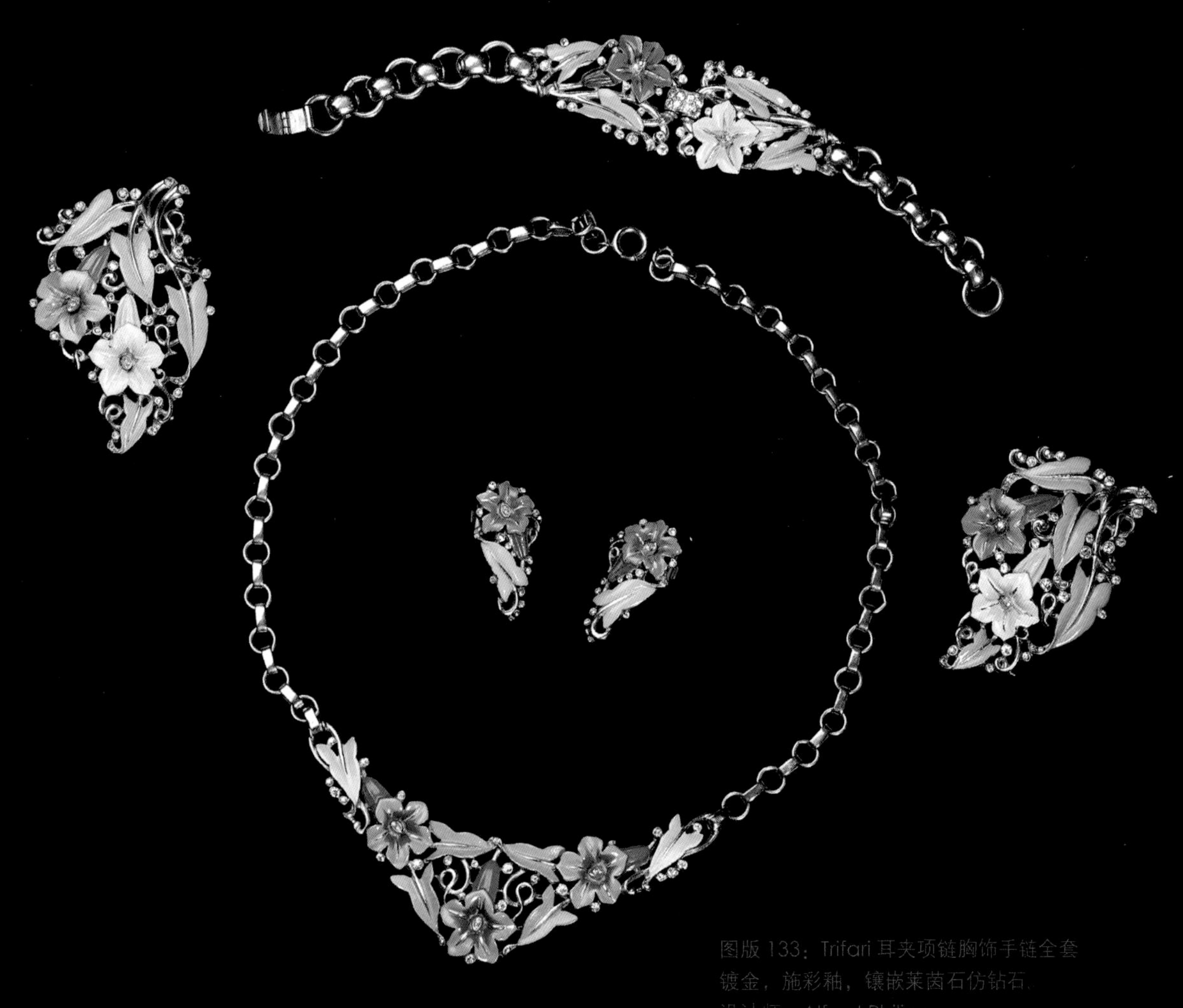

图版 133：Trifari 耳夹项链胸饰手链全套
镀金，施彩釉，镶嵌莱茵石仿钻石。
设计师：Alfred Philippe。
专利号：114138/114139。
1939 年。

图版 134：Trifari 花朵胸饰
镀铑，镶嵌莱茵石仿钻石。
设计师：Alfred Philippe。
专利号：116084。
1939 年。

图版 135：Trifari 花朵胸饰
镀铑，镶嵌莱茵石仿钻石珍珠。
设计师：Alfred Philippe。
专利号：123176。
1940 年。

图版 136：Trifari 手链
Art Deco 风格，镀铑，镶嵌莱茵石仿钻石珍珠。
1935 年。

图版 137：Trifari 花朵胸饰
镀铑，施彩釉，镶嵌莱茵石仿钻石。
设计师：Alfred Philippe。
专利号：118758。
1940 年。

图版 138：Trifari 对夹胸饰
Art Deco 风格，镀铑，镶嵌莱茵石仿钻石祖母绿。
1936 年。

图版 139：Trifari 赶鹅女孩胸饰
镀铑，施彩釉，镶嵌莱茵石仿钻石，仿隐藏式装嵌
设计师：Joseph Wuyts。
专利号：119445。
1940 年。

图版 140：Trifari 手链颈圈一套
镀金，镶嵌莱茵石仿钻石，水果色拉系列。
1940 年。

图版 141：Trifari 葡萄胸饰
镀铑，施彩釉，镶嵌莱茵石仿钻石祖母绿。
1938~1942 年。

图版 142：Trifari 苍鹭胸饰
镀铑，施彩釉，镶嵌莱茵石仿钻石红宝海蓝宝。
设计师：Alfred Philippe。
专利号：126247。
1941 年。

图版 143：Trifari 人物胸饰
镀金，嵌莱茵石仿钻石碧玺。
设计师：Alfred Philippe。
专利号：125826。
1941 年。

图版 144：Trifari 鹤形胸饰
镀铑，施彩釉，镶嵌莱茵石仿钻石碧玺。
设计师：Alfred Philippe。
专利号：125847。
1941 年。

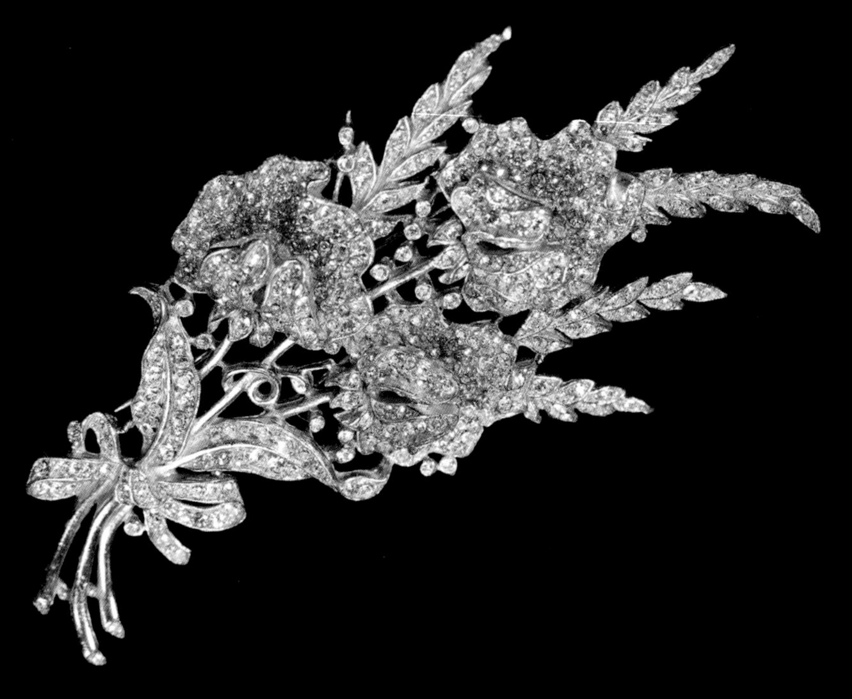

图版 145：Trifari 花卉胸饰
镀铑，镶嵌莱茵石仿钻石。
设计师：Alfred Philippe。
专利号：127043。
1941 年。

图版 146：Trifari 蛇形胸饰
镀金，施彩釉，镶嵌莱茵石，仿钻石，
红宝石，祖母绿。
1941 年。

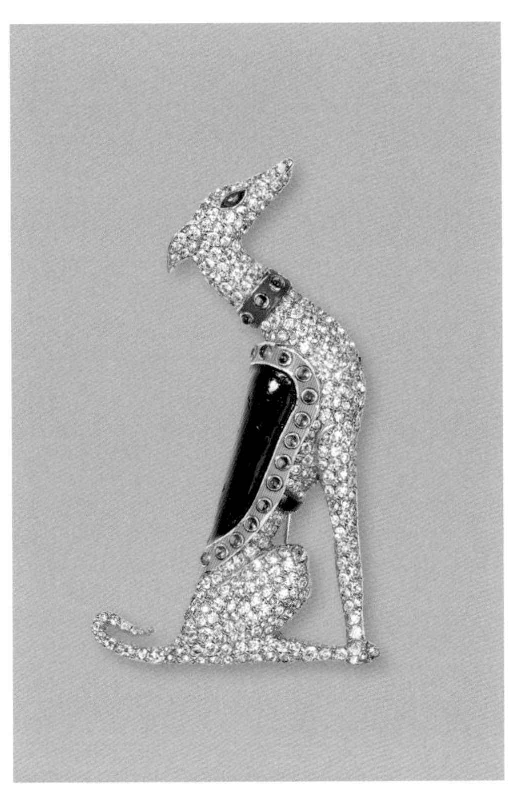

图版 147：Trifari 细犬胸饰
镀铑，施彩釉，镶嵌莱茵石，仿钻石。
设计师：Alfred Philippe。
专利号：131240。
1942 年。

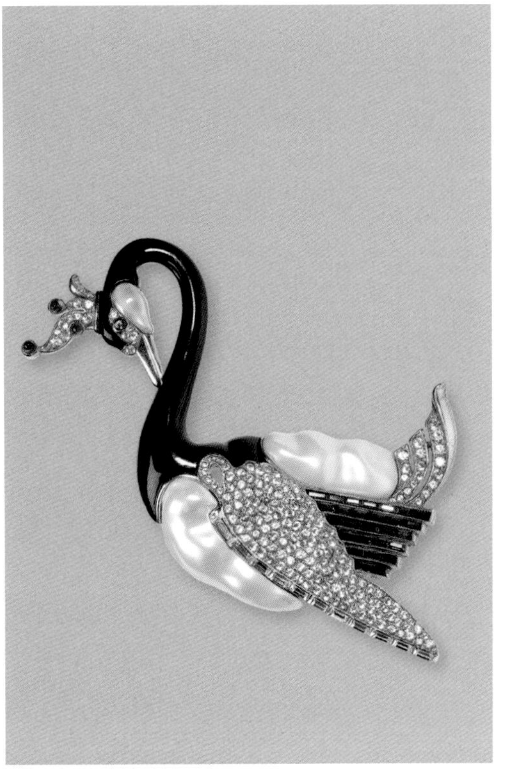

图版 148：Trifari 黑天鹅胸饰
镀金，施彩釉，镶嵌莱茵石，仿钻石，红宝石，祖母绿，珍珠。
设计师：David Mir。
专利号：129535。
1941 年。

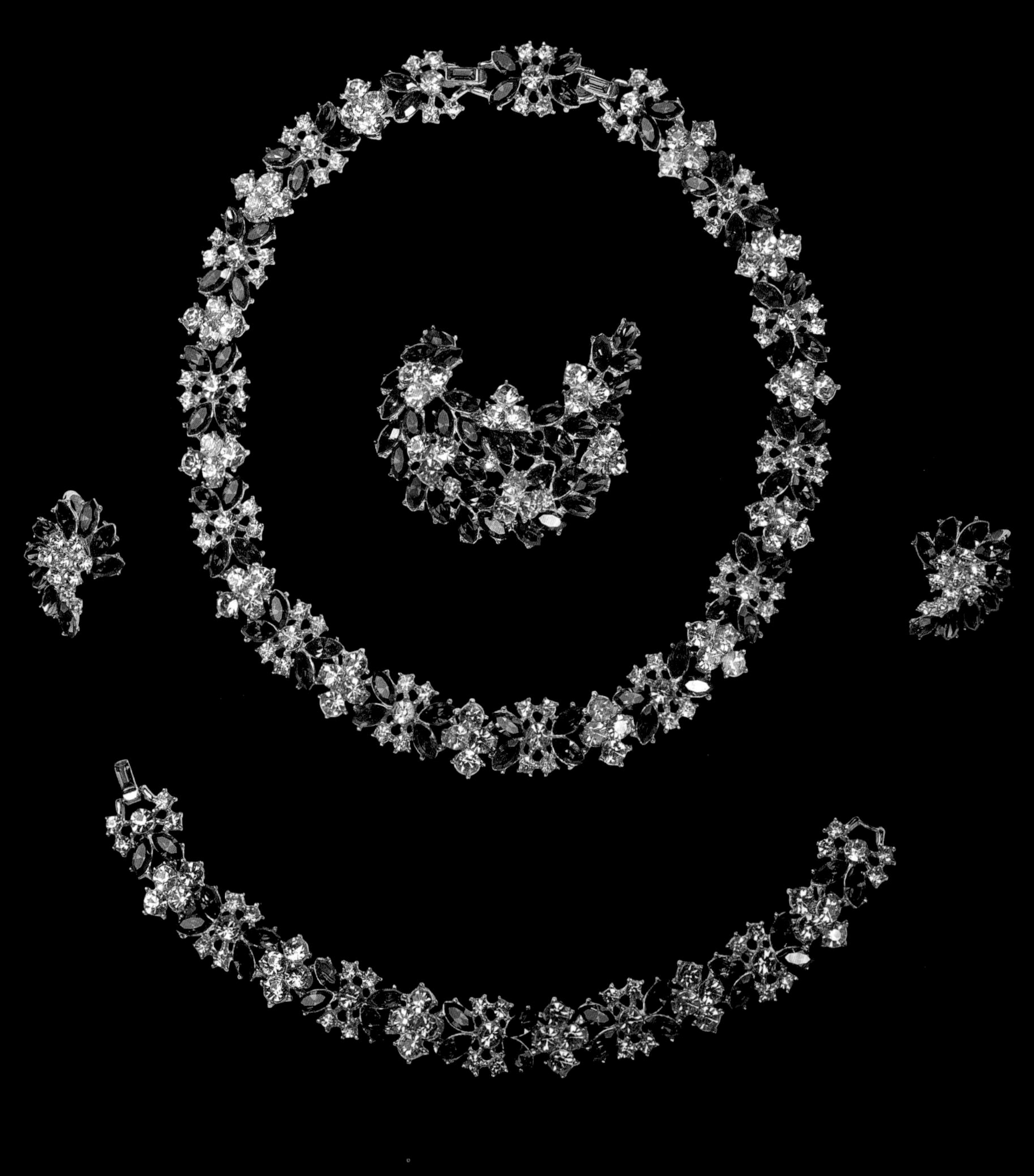

图版 149：Trifari 耳夹项链胸针手链全套
镀金，镶嵌蓝色紫色莱茵石，仿亚历山大变色石。
1960 年代初期。

图版 150：Trifari 斑马胸饰
镀铑，施彩釉，镶嵌莱茵石，仿钻石，祖母绿。
设计师：Alfred Philippe。
专利号：131242。
1942 年。

图版 151：Trifari 树形胸饰
镀铑，施彩釉，镶嵌莱茵石，仿钻石。
设计师：Alfred Philippe。
专利号：131369。
1942 年。

图版 152：Trifari 耳夹项链胸饰手链全套
镀金，镶嵌莱茵石，仿碧玺橄榄石。
1950 年代初期。

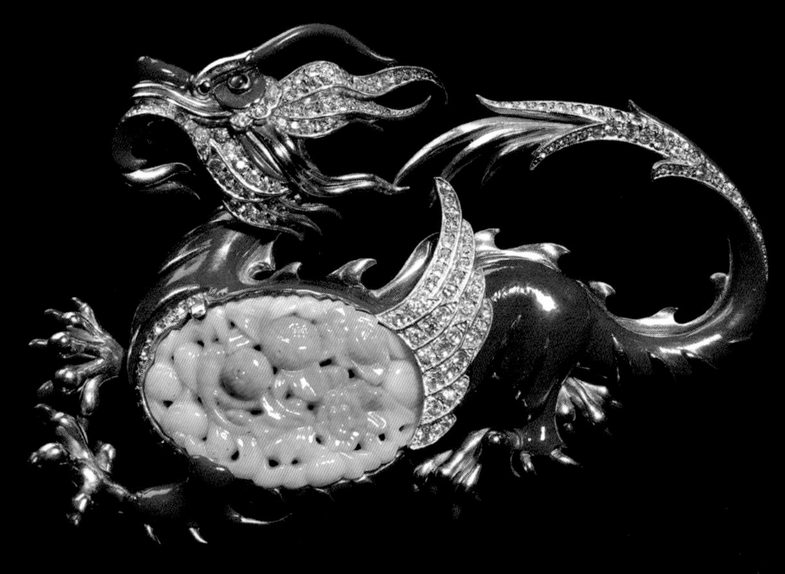

图版 153：Trifari 龙胸饰
镀金，施彩釉，镶嵌莱茵石，仿玉钻石。
明代系列。
1942 年。

图版 154：Trifari 斧胸饰
镀金，施彩釉，镶嵌莱茵石，仿玉钻石。
明代系列。
1942 年。

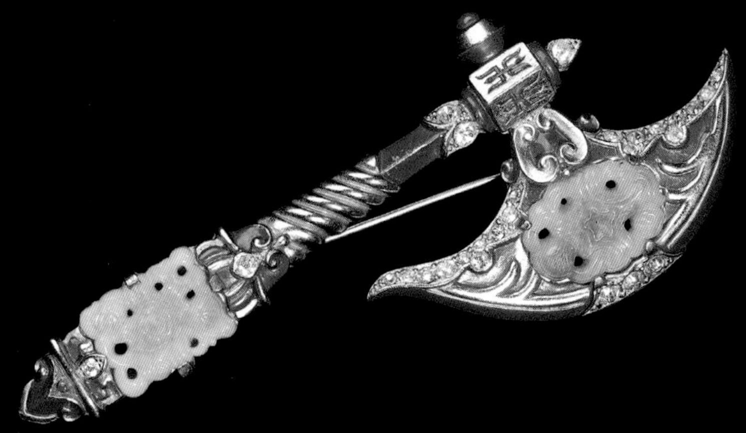

图版 155：Trifari 小狗胸饰
镀铑，施彩釉，镶嵌莱茵石，仿钻石，有机玻璃。
大肚系列。
设计师：Alfred Philippe。
专利号：131371。
1942 年。

图版 156：Trifari 小狗胸饰
镀铑，施彩釉，镶嵌莱茵石，仿钻石，有机玻璃。
大肚系列。
设计师：Alfred Philippe。
专利号：131785。
1942 年。

图版 157：Trifari 企鹅胸饰
银镀金，镶嵌莱茵石，仿钻石，祖母绿，有机玻璃。
大肚系列。
设计师：Alfred Philippe。
专利号：135189。
1943 年。

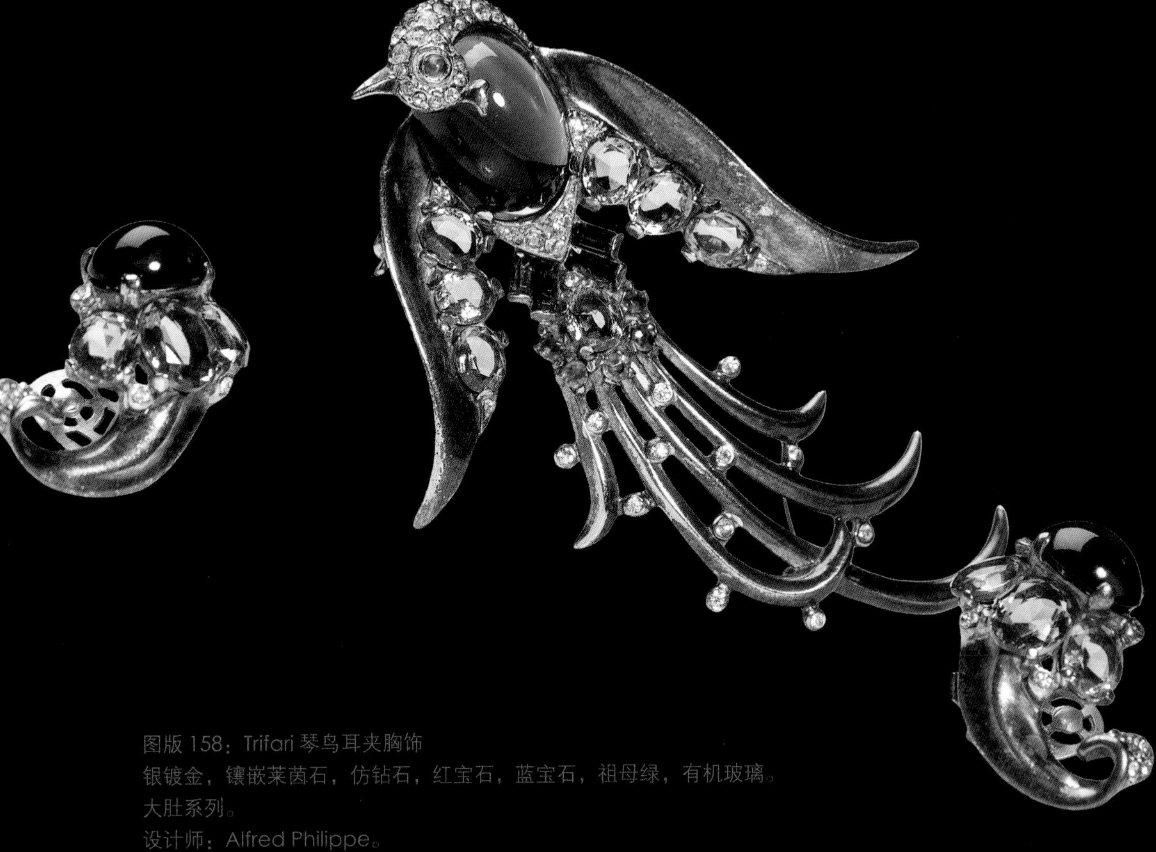

图版 158：Trifari 琴鸟耳夹胸饰
银镀金，镶嵌莱茵石，仿钻石，红宝石，蓝宝石，祖母绿，有机玻璃。
大肚系列。
设计师：Alfred Philippe。
专利号：142655/142659。
1945 年。

图版 159：Trifari 花朵胸饰
镀铑，施彩釉，镶嵌莱茵石，仿钻石，海蓝宝石。
1941~1942 年。

图版 160：Trifari 花叶胸饰
镀金，施彩釉，镶嵌莱茵石，仿钻石，托帕石。
设计师：Alfred Philippe。
专利号：131866。
1942 年。

图版 161：Trifari 花朵胸饰
镀铑，施彩釉，镶嵌莱茵石，仿钻石，碧玺。
1941~1942 年。

图版 162：Trifari 花叶胸饰
镀铑，施彩釉，镶嵌莱茵石，仿钻石，黄水晶。
设计师：Alfred Philippe。
专利号：131881。
1942 年。

图版 163：Trifari 耳夹胸针项链
镀金，镶嵌莱茵石，仿钻石，托帕石，黄水晶。
1950 年代初期。

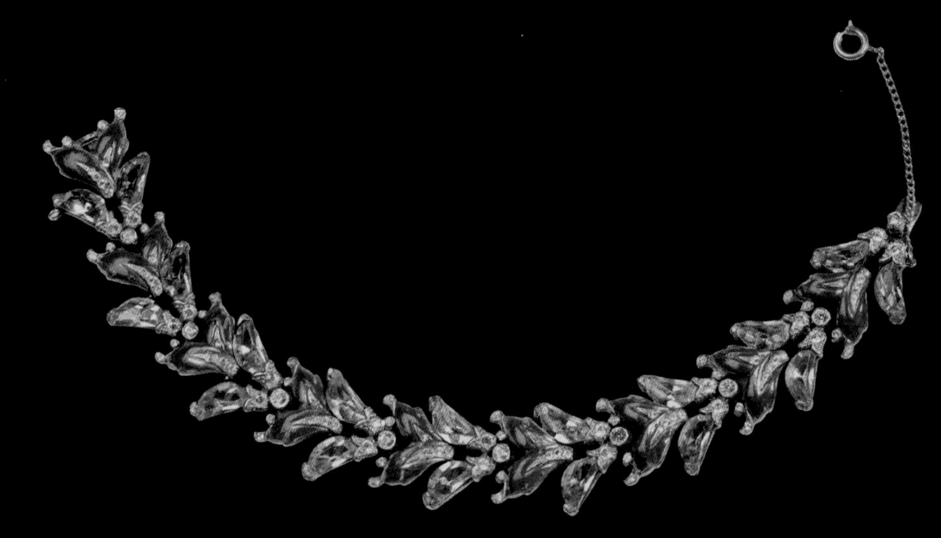

图版 164：Trifari 花叶手链
镀金，施彩釉，镶嵌莱茵石，仿钻石，海蓝宝石。
1942 年。

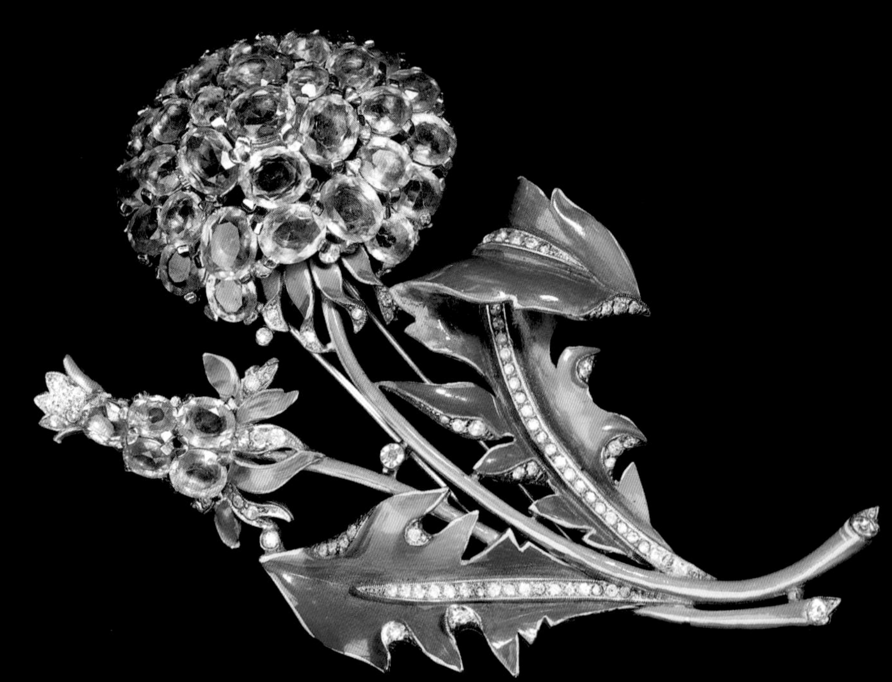

图版 165：Trifari 花叶胸饰
镀铑，施彩釉，镶嵌莱茵石，仿钻石，黄水晶，蓝宝石。
1942 年。

图版 166：Trifari 耳夹胸饰手链一套
镀铑，镶嵌莱茵石，仿钻石，蓝宝石。
1960 年代。

Miriam Haskell：1926 年

Miriam Haskell1899 年出生于美国印第安那州的一个富裕的俄德犹太裔家庭。1926 年她在纽约创办了自己的首饰公司，大概由于经营成功，3 年后将公司搬入纽约第五大道 411 号。随着经营规模的扩大，1933 年公司又从第五大道 411 号搬至 392 号，先是占据了整栋大楼的一层，后来又占据了二层和三层。30 年代，公司还在伦敦的 Harvey Nichols 内开设了店铺。由于健康原因，Miriam Haskell 于 1950 年将公司转让给其兄弟 Joseph。1955 年，Joseph 将公司又转让给投资人 Morris Kinzler，后者以原名继续经营至 1983 年。据称，50~70 年代，Miriam Haskell 一直与寡居的母亲一起居住在纽约中央公园旁的公寓里，她素食、单身、具有双性倾向，而且行为非常古怪。

Miriam Haskell 最早受到香奈儿的启发，她甚至在经营自己的时装首饰同时直接进口并销售香奈儿的时装首饰。Miriam Haskell 在很大程度上还受到夏帕瑞丽的影响，两位女性也颇多相似之处。Miriam Haskell 在当年的广告中直言不讳地宣称自己设计的时装首饰深受巴黎高档时装的影响。

Miriam Haskell 公司有可能从设立之初便任命 Frank Hess 为首席设计师。Frank Hess 最初是纽约一家大型百货公司的橱窗设计师，自从应召进入 Miriam Haskell 公司后就成为非常重要的支柱，他一直为公司工作到 1960 年。虽然长期以来关于 Miriam Haskell 首饰设计到底是 Miriam Haskell 还是 Frank Hess 主导的问题一直多有争论，但毋庸置疑的是，两人在设计上一直密切合作。Frank Hess 的首饰设计强调三维性，饰件往往不对称，珠子之间一定使用护杯和节珠以避免相互接触，颜色丰富、鲜艳，造型柔软、优雅、轻盈，大量使用丝线背板。Frank Hess 之后，60 年代公司的设计主管主要为 Robert F. Clark，他的设计风格更多地来源于珠宝首饰，装饰性并不集中在主体饰件而是体现在整个作品上，造型更张扬、进取、个性化，更多使用焊接技术，深受当时盛行的东方风格的影响。公司 70 年代的设计主管是 Larry Vrba，其设计以硕大精致、五彩缤纷特别是埃及风格为特征。80 年代的设计主管主要是 Millie Petronzio，其主要成就是再现 Miriam Haskell 公司的经典设计。

Miriam Haskell 公司早期的设计从不效仿珠宝首饰，并且全部由技术熟练的工匠手工制作。Miriam Haskell 的时装首饰通常由背板、珠子组成，这些珠子用金属线像刺绣那样编织成图案或造型，其中不同材质和不同颜色往往并列。Miriam Haskell 公司的首饰以仿珍珠的运用最富特色，特别以簇状的米珠和柔和的金色著称。米珠、玻璃叶、巴洛克珍珠、俄罗斯古董金是 Miriam Haskell 首饰常用的选项。大量细小的米珠用金属丝串联捆绑在铜背板上，这种铜背板仿佛镂空或累丝，特别的电镀工艺使得铜背板上的镀金有一种不反光的俄国古董金的效果。尽管层次众多，Miriam Haskell 首饰仍能保持设计的平衡和流畅而不显杂乱，这显然得益于刺绣工艺的引入。二战以来，Miriam Haskell 转而使用本地材料而不是进口材料，但仍保持做工精细的特点。鲜艳的颜色和女性化的设计，使得 Miriam Haskell 首饰在 50 年代继续得到女性的青睐。

Miriam Haskell 时装首饰每年按四季推出四档，外加圣诞节共计五档。每档都有三种：最精致和最昂贵的晚装首饰、较简单的下午装首饰、最简单的日装首饰。春季首饰往往使用玻璃饰件，通常为线条柔和、轻盈的花卉颜色；秋季首饰大量使用金属饰件，颜色较重；圣诞节首饰往往用大量的水晶玻璃。

Miriam Haskell 的首饰还不断出现在舞台、银幕和电视上，例如《剧院魅影》。美国著名的影星 Joan Crawford 是 Miriam Haskell 首饰的崇拜者。从 20 年代到 60 年代，Joan Crawford 就不断购买 Miriam Haskell 的首饰，她甚至拥有 Miriam Haskell 设计的几乎每一款首饰。1977 年这位影星去世后，纽约的 Plaza Art 艺廊为其庞大的时装首饰收藏举行了专场拍卖。除好莱坞明星外，温莎公爵夫人也是 Miriam Haskell 首饰的爱好者。

无论是 Miriam Haskell 还是 Frank Hess 或者任何其他设计师，为公司所做的设计都没有被申请为专利，也从未申请版权。这意味着没有任何文献资料可以对 Miriam Haskell 首饰进行断代，而早期原创的设计也都没有注明年代。通常认为，直到 1938 年，Miriam Haskell 首饰都没有打印标志，而早期的标志仅是小标牌。有人甚至认为，Miriam Haskell 的首饰直到 1946 年甚至 1950 年都没有标志。唯一可能的例外是马蹄形商标，该商标于 1944 年或 1945 年曾用在专为芝加哥代卖店生产的首饰系列上，但也有人认为它很可能是在 60 年代才开始使用的。尽管最早的广告出现于 1929 年，但公司只是从 1945 年底以后才开始在全国范围内登载广告，借助这些广告也许可以推断公司晚期首饰设计和生产的年代。Miriam Haskell 公司的商标直到 1988 年才注册。关于 Miriam Haskell 的首饰设计，已经出版了两部专著 *The Jewels of Miriam Haskell* 和 *Miriam Haskell Jewelry*，但这两部公认为权威的著作也没能解决断代的问题。总而言之，可以确定为 Miriam Haskell 的只有那些具有 Miriam Haskell 标志的首饰，但所有这些具有 Miriam Haskell 标志的首饰可以肯定地说都是晚期制作的。

图版 167：Miriam Haskell 耳夹项链
俄罗斯古董金叶捆绑莱茵石仿钻石珊瑚，
20 世纪 40 年代。

图版 168：Miriam Haskell 项链
紫色编结丝绳，紫色玻璃珠。
20 世纪四五十年代。

图版 169：Miriam Haskell 耳夹胸针
俄罗斯古董金叶捆绑莱茵石仿钻石珍珠。
20 世纪四五十年代。

图版 170：Miriam Haskell 耳夹项圈
镀银百合花叶捆绑玻璃仿巴洛克珍珠，
20 世纪四五十年代。
（有认为此为 Haskell-Hess 早期浮雕风格的作品）

图版 171：Miriam Haskell 耳夹项链
镀铑，彩色玻璃串珠。
20 世纪 50~70 年代。

图版 172：Miriam Haskell 耳夹项圈
俄罗斯古董金串玻璃仿牛角及巴洛克珍珠，Art Deco 风格。
1960 年。

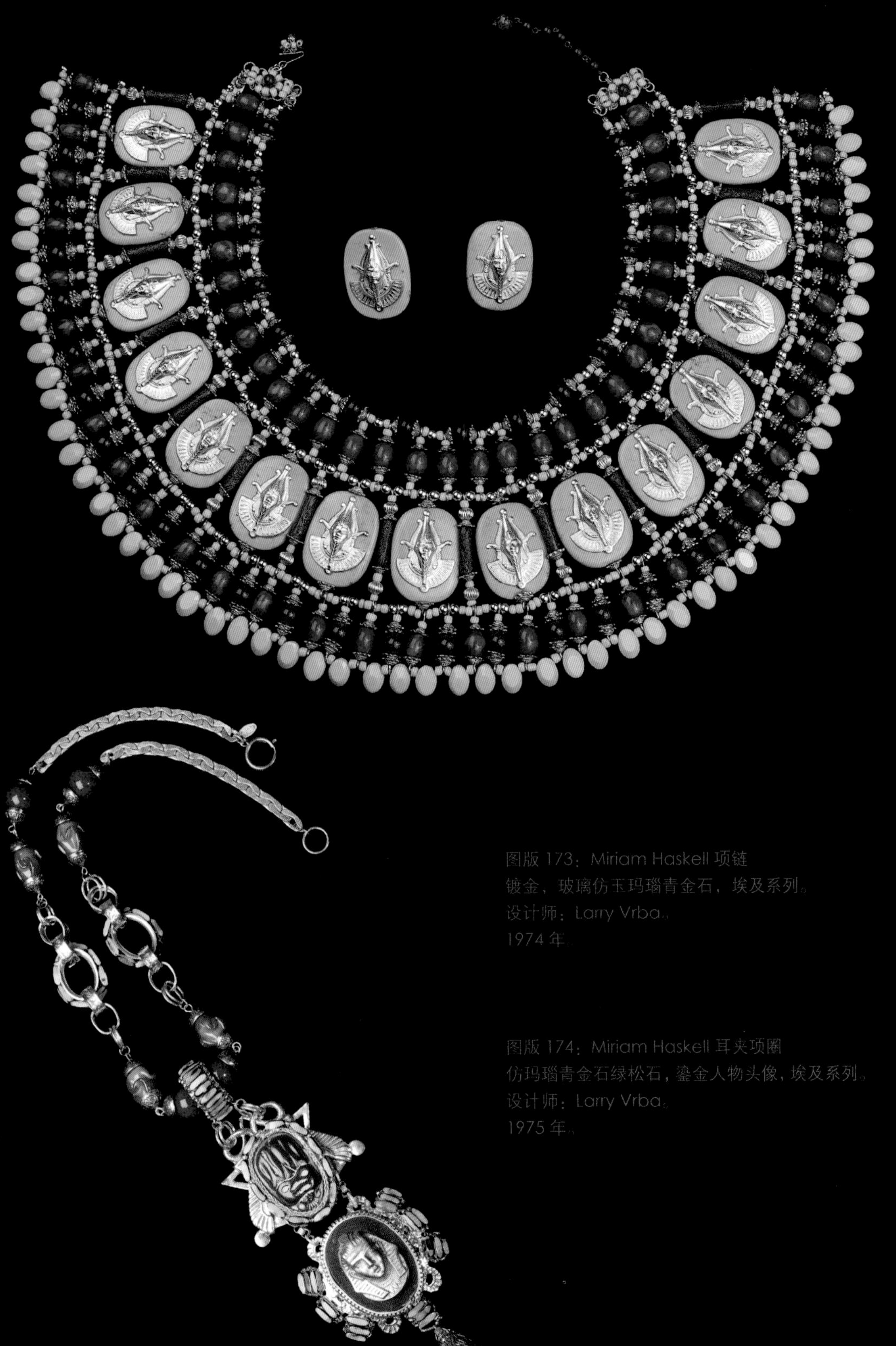

图版 173：Miriam Haskell 项链
镀金，玻璃仿玉玛瑙青金石，埃及系列。
设计师：Larry Vrba。
1974 年。

图版 174：Miriam Haskell 耳夹项圈
仿玛瑙青金石绿松石，鎏金人物头像，埃及系列。
设计师：Larry Vrba。
1975 年。

Hobé：1927 年

法国巴黎 Hobé 家族是首饰业历史最悠久的家族之一，其珠宝生意早在 19 世纪中叶就开始了。Jacques Hobé 以手艺精湛著称，他曾经是法国宫廷首饰师，也被认为是欧洲最好的珠宝首饰师之一。随着工业化的到来，Hobé 公司也开始制作时装首饰，但却使用珠宝首饰制作的技艺和经验。20 世纪 20 年代中期，William Hobé 移民美国并于 1927 年在纽约成立公司，继续时装首饰的制作。

由于家族珠宝首饰的历史以及本人对珠宝首饰的热爱，William Hobé 研究并收藏了大量欧洲古董首饰，他还曾经在巴黎 Sorbonne 大学讲授中世纪的艺术。Hobé 公司总是忠实地从古董首饰中吸取设计灵感。20~50 年代，Hobé 公司的首饰设计独特，工艺精良，通常采用手工制作，早期大量使用银、镀金或 14K 金等贵金属和半宝石，例如青金石、石榴石、紫水晶、玛瑙、玉髓、玉以及珍珠和象牙雕刻等，架托或背板往往采用累丝工艺。所有这些不仅使 Hobé 与同行通行的做法大不相同，而且使公司设计的时装首饰无论是那时还是现在都比一般的时装首饰贵重。40 年代，Hobé 设计了一系列东方人物形象，如“明人”“棋人”“藏人”等，此种设计据说受到日本 Netsuke 的影响。在第三代传人 Robert Hobé 和 Donald Hobé 手中，公司开始为好莱坞影星如 Mae West、Carole Lombard 、Barbara Stanwyck、Bette Davis、Mary Martin 等人制作首饰，这些人不仅在银幕上而且在生活中都佩戴 Hobé 首饰。在整个 50 年代，Hobé 为给好莱坞明星提供首饰，与 Joseff of Hollywood 展开了激烈竞争，公司雇用好莱坞大牌明星和模特做广告大大提高了知名度。虽然后来 Hobé 公司屈从于风气而使用较为廉价的材料，但仍保持了一贯的工艺水准并且设计非常有创新。Hobé 公司仅仅使用家族成员和 Lou Vici 的设计以保证质量和控制产量。作为公司最为倚重的设计师，Lou Vici 从 30 年代起一直为公司工作了 40 多年。

❀ Hobé 公司在悠久的历史中大约更换了 6 次标志，而 Hobé 商标直到 1948 年才注册：1883~1902 年使用交叉双剑，1903~1917 年使用椭圆框内的 Hobé，1918~1932 年使用屋形轮廓线（第一条在 Hobé 上，第二条在设计专利号上），1933~1957 年使用三角形轮廓线（第一条在 Hobé 上，第二条在设计专利号上），1958~1963 年使用 Hobé 外加椭圆形 ©，后来则使用 Hobé 或 Hobé©。

图版 175：Hobé 项链
镀金，施彩釉，咬扣式连接，嵌仿珍珠红宝，旧世界系列。
1938~1942 年。

图版 176：Hobé 耳夹项链手链全套
镀金，施黑釉，施华洛世奇水晶。
1940 年代。

图版 177：Hobé 银缠丝花叶状手链
设计师：William Hobé。
专利号：126476。
1941 年。

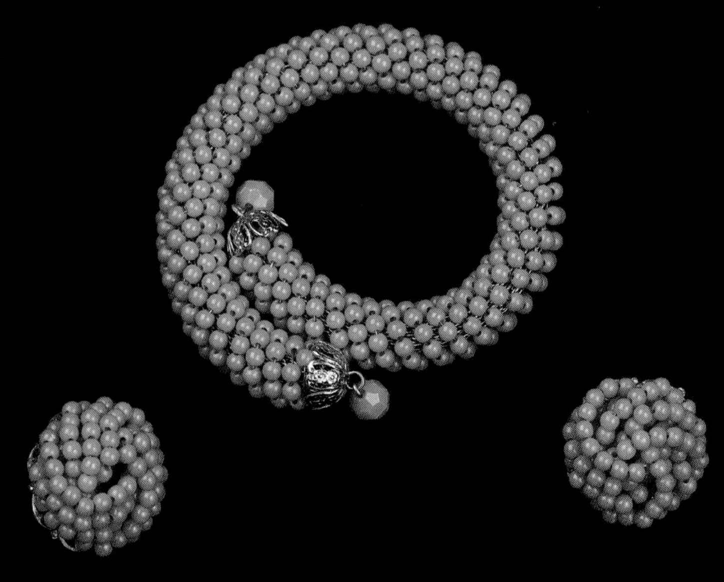

图版 178：Hobé 仿珊瑚耳夹手链
20 世纪 60 年代。

Joseff of Hollywood：1935 年

如果说在时装首饰业存在好莱坞派，那么 Joseff of Hollywood 便是该派之首。Eugene Joseff 1905 年出生于美国芝加哥的一个奥地利后裔家庭。他没有受过什么正规的教育，从事过汽车销售和广告推销。大萧条促使 Eugene Joseff 在 1930 年来到好莱坞，除谋生以外，他业余设计首饰。在 Eugene Joseff 所结识的朋友中，Walter Plunkett 对于 Eugene Joseff 后来的发展起到了关键作用。Walter Plunkett 是美国最成功的电影服装设计师之一，曾经为著名影片《乱世佳人》设计服装。当听说 Eugene Joseff 批评演员 Constance Bennet 在 1934 年的电影 *The Affairs of Cellini*（《塞利尼事件》）中身着 16 世纪的服装却佩戴 20 世纪的首饰，Walter Plunkett 便立即邀请 Eugene Joseff 为电影服装设计首饰。Eugene Joseff 从此发现了一个重大的商业机会并大胆地抓住了它——他要为好莱坞的电影再现历史上真实的首饰。从此，Eugene Joseff 使好莱坞电影中首饰的使用方式发生了革命性的变化。1935 年，Eugene Joseff 在好莱坞开设了一间作坊，开始了首饰的设计和制作。从一开始，Eugene Joseff 就选择将自己设计制作的首饰出租给而不是出售给电影公司。1936 年，Eugene Joseff 设计的首饰由葛丽泰·嘉宝佩戴出现于电影《茶花女》中，以及由凯瑟琳·赫本佩戴出现于 Mary of Scotland 中。电影中出现的首饰虽然都是 Eugene Joseff 设计或制作的，但他始终与好莱坞著名服装设计师如 Walter Plunkett、Rene Hubert、Milo Anderson、Orry Kelly、Charles LeMaire 等人紧密合作，按照他们设计的服装设计首饰。到 1937 年，Eugene Joseff 已经获得好莱坞应接不暇的订单，他不仅在好莱坞而且在全国已经名声鹊起。有感于好莱坞著名影星玛琳·黛德丽和玛丽莲·梦露等人所佩戴的首饰对社会有着广泛的影响，Eugene Joseff 从 1938 年开始复制自己为电影设计的首饰以供零售，结果又大获成功。到 1941 年，Eugene Joseff 在好莱坞不仅有一家首饰商店，而且也有一间首饰工厂，商号也从 Sunset Jewelry Co. 改为 Joseff Hollywood Inc.。

1942 年，像其他许多时装首饰商一样，Joseff of Hollywood 公司也服从战时需要转而从事军工生产。Joseff of Hollywood 公司以自己的金属加工特长为美国麦道公司生产军用飞机零件，并因此成立了 Precision Investment Castings 公司。与其他时装首饰商不同的是，虽然在二战即将结束时 Eugene Joseff 宣布将开始战后首饰系列的设计，并且从 1945 年以后的确恢复了时装首饰生产，但 Precision Investment Castings 公司并未关闭而是继续制造飞机配件，并且逐渐地将军工客户转换为民用客户。二战以后，该公司先是在朝鲜战争期间继续航空业务，然后进入航天业，服务于美国太空总署。

早在30年代末，自认为对商业管理并不擅长的Eugene Joseff打电话给一所工商管理学院征求一名秘书来帮助打理零售业务。学院随后派来Joan Castle，她后来与Eugene Joseff很快就坠入爱河。1942年Eugene Joseff与Joan Castle结婚。然而，几年以后惨剧发生。1948年9月18日，Eugene Joseff乘私人飞机从洛杉矶前往Newhall时不幸飞机坠毁而丧生，结束了短暂的43岁的生命。到Eugene Joseff去世时，好莱坞电影中使用的首饰大约90%都是Joseff of Hollywood公司制作的，例如1939年的《乱世佳人》和1942年的《卡萨布兰卡》等著名电影使用的都是Eugene Joseff设计的首饰。

Eugene Joseff去世后，35岁的遗孀Joan Castle Joseff承担起管理公司的重任，直至2010年以97岁的高龄去世。50年代以来，好莱坞电影公司经过多年的积累已经有了丰厚的首饰库存，因此也不再需要Joseff of Hollywood首饰了，特别是电影中盛行的现实主义和自然主义使得那种夸张炫耀的时代终于结束了，这给了Joseff of Hollywood致命一击。公司为电影服务的首饰业务一直维持到60年代末终于结束了，最后一位使用Joseff of Hollywood首饰的著名影星是伊莉莎白·泰勒。60年代以来，随着大众口味的变化，Joseff of Hollywood转而设计制作人物形象的胸饰，并且积极开拓年轻的电视市场。

Joseff of Hollywood的首饰以夸张为特征，主要使用铸模金属，采用自己发明的未抛光镀金工艺，这种仿佛俄国古董金的半粗糙表面可以有效地避免镁光灯的强烈反射，因此很受摄影棚的欢迎。除莱茵石外，Joseff of Hollywood还大量使用中等或较大的玻璃仿托帕石、紫水晶、绿松石、红宝石、祖母绿和蓝宝石。Joseff of Hollywood的首饰完全采用手工焊接和手工镶嵌。

❀ 虽然Joseff of Hollywood公司的首饰业务逐渐消失，但是Precision Investment Castings公司的业务却蒸蒸日上。现在，Joseff of Hollywood制作的时装首饰只占家族生意的5%，它们仍被电影和电视使用，例如*Pirates of the Caribbean*（《加勒比海盗》）、*Supah Ninjas*（《超级忍者》）。在公司的档案库里，保存着包括Eugene Joseff所设计的首饰原件在内的大约300万件档案材料，这些档案不仅对于美国的电影业，而且对于美国的时装首饰业的研究来说极为重要。

❀ Joseff of Hollywood首饰的标志有两种：Joseff of Hollywood和Joseff。1938~1941年使用印刷体Joseff of Hollywood。签名体Joseff最早出现于1938年，先是用在广告上，但不知从何时起开始打印在首饰上。有推测称印刷体标志于1942年转产时停止使用，1945年恢复生产时启用签名体标志；也有推测称签名体商标注册后开始使用。与从未注册的Joseff of Hollywood标志不同，签名体Joseff商标于1947年8月29日注册。

图版 179：Joseff 耳夹项链手链全套
铜镀俄国古董金，镶嵌水晶，仿蓝宝石。
20 世纪 30 年代。

图版 180：Joseff 手镯
铜镀俄国古董金，嵌仿缟玛瑙。
20 世纪 30 年代。

图版 181：Joseff 甲虫形耳夹项链
铜镀俄国古董金，玻璃仿猫眼石，埃及系列。
20 世纪 40 年代。

图版 182：Joseff 耳夹项链
铜镀俄国古董金，镶嵌莱茵石仿紫水晶，埃及系列。
20 世纪 40 年代。

图版 183：Joseff 甲虫形耳夹项链
铜镀俄国古董金，玻璃仿玉。
20 世纪 40 年代。

图版 184：Joseff 胸花
铜镀俄国古董金，镶嵌莱茵石仿蓝宝
20 世纪 40 年代

图版 185：Joseff 花型胸饰
铜镶嵌多色宝石
20 世纪 40 年代

图版 186：Joseff 星状耳夹项链
铜镀俄国古董金，爪镶嵌莱茵石仿桔红色宝石。
20 世纪 40 年代。

图版 187：Joseff 象首挂链
铜镀俄国古董金，镶嵌彩色莱茵石及仿珍珠，大象系列。
20 世纪 40 年代。

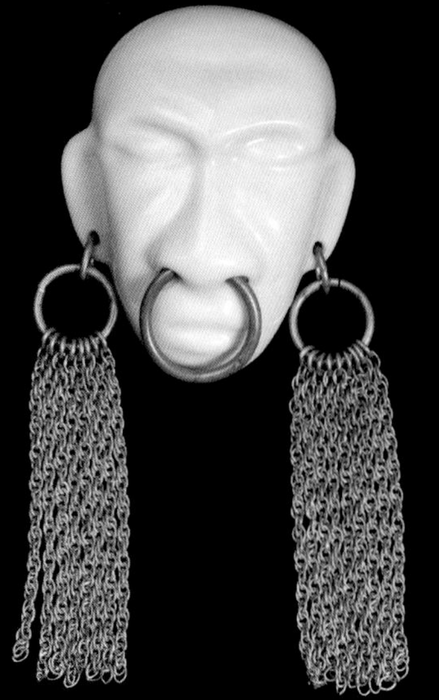

图版 188：Joseff 头像胸饰
塑料仿象牙。
1941 年。

图版 189：Joseff 耳夹项链
铜镀俄国古董金，镶嵌彩色莱茵石及仿珍珠，大象系列。
20 世纪 40 年代。

图版 190：Joseff 胸针
铜镀俄国古董金，小丑系列。
20 世纪 40 年代。

图版 191：Joseff 耳夹
铜镀俄国古董金，小丑系列。
20 世纪 40 年代。

图版 192：Joseff 贝壳形耳夹手镯
铜镀俄国古董金，镶嵌仿珍珠，海豚系列。
20 世纪 40 年代。

图版 193：Joseff 太阳神耳夹项链
铜镀俄国古董金，眼睛镶嵌仿水晶并可活动。
20 世纪 40 年代。

图版 194：Joseff 天使之吻胸饰
铜镀俄国古董金，镶嵌仿水晶，
20 世纪 40 年代。

图版 195：Joseff 印度头像项链胸饰
铜镀俄国古董金。
20 世纪 40 年代。

图版 196：Joseff 天使耳夹项链
铜镀俄国古董金，镶嵌仿珍珠红宝。
20 世纪 40 年代。

图版 197：Joseff 土著头像项链耳夹
铜镀俄国古董金。
20 世纪 40 年代。

图版 198：*Photoplay* 杂志广告
Carole Lombard 佩戴 Eugene Joseff 设计的首饰出现在 1940 年 1 月的 *Photoplay* 杂志广告上
Joan Crawford 佩戴 Eugene Joseff 设计的首饰出现在 1948 年 2 月的 *Motion Picture*（《电影》）杂志广告上。1948 年 2 月的 *Movie Show*（《电影表演》杂志）登载 Eugene Joseff 亲自撰写的介绍首饰的文章 *Let's Be Glamorous*（《让我们变得更迷人》）。

Boucher：1937 年

Boucher 是典型的将珠宝首饰从业经验带入时装首饰业的公司。Marcel Boucher 于 1898 年出生在法国巴黎，1920 年前曾在卡地亚学习制作首饰模具，1922 年移民美国，遂从卡地亚巴黎转到卡地亚纽约继续学艺。1929 年美国股市的暴跌迫使 Marcel Boucher 离开卡地亚投身于风头正盛的时装首饰行业。30 年代初期，Marcel Boucher 为纽约 Mazer 公司设计首饰。到 1936 年，他已经能够独立设计一系列首饰。1937 年，Marcel Boucher 与妻子一同在纽约开设了自己的首饰公司 Marcel Boucher & Cie。该公司早期设计的一系列鸟形胸饰，充满立体感和想象力，与当时时装首饰中深受 Art Deco 影响而盛行的平面的、线性的设计极为不同，因此在纽约大型百货公司 Saks Fifth Avenue 的代售中大获成功。不久，该公司的首饰产品就以非常创新的设计和优秀的质量而广受欢迎。

1947年，一直从事珠宝首饰设计的Raymonde Semensohn，即Sandra，离开法国来到美国。1949年，Sandra作为设计助理受雇于Boucher公司。她认为，自己离开珠宝首饰进入时装首饰的原因，就在于时装首饰的设计有很大的自由度，可以使她的艺术设计获得突破。Sandra在公司中一直服务到1958年，然后离开受聘为蒂芙尼公司的首席设计师。1961年，Sandra又回到Boucher公司，并于1964年与刚刚离婚的Marcel Boucher结婚。第二年，Marcel Boucher去世。Sandra从1965年接管公司直到1972年公司被出售。后来，据说Sandra又去了美国著名的珠宝首饰商Harry Winston。

Boucher公司的首饰早期主要是Marcel Boucher设计的，晚期则主要是Sandra设计的。Marcel Boucher被认为也许是20世纪时装首饰最伟大的创造者和最优秀的设计师之一，他有着无可挑剔的品位，是一个对细节极为苛刻的完美主义者。他最擅长将古典首饰的传统与伟大的想象力相结合，作品的风格以几何形式中混入自然主义要素为特征，充满雕塑感，并且善用四大宝石的颜色，电镀和施釉工艺也极为精良。Boucher最好的作品制作于美国参战之前的1939至1942年。这批首饰往往施釉，平铺莱茵石，采用镀铑或镀金工艺，题材富有想象力，尺寸也比较大。二战期间，由于金属管制，像所有其他首饰商一样，Boucher不得不大量使用金属银，而其中央嵌有大块仿宝石的具有立体主义风格的人物和动物设计极具特色。40年代末50年代初，胸饰不再盛行，而设计得像珠宝首饰一样的项链、手链、耳坠等品种逐渐流行起来，这导致了Boucher胸饰产品价格的大幅下降，很大程度上削弱了Boucher首饰设计的竞争力。Boucher始终是一间小型公司，雇佣着大约70名员工，维持着适度的产量，产品为中高档价位，在美国最好的百货商场和小型商店都有销售。

Boucher公司主要使用两种标志：MB和BOUCHER。前者冠以Phrygian帽和三色玫瑰花饰，虽然这一标志于1944年注册为商标，实际上它从公司开设之初一直使用到1949年底（也偶尔使用到1955年，主要是项链、耳坠、手链等品种）。后者主要使用于1950~1955年，此后则使用BOUCHER©。从1945年1月开始，Boucher公司模仿重要珠宝首饰商的做法在每件首饰上打印目录号，这使得后人可以依据目录号来推断产品的生产年代。如2300~2350为1945年（2300号以前为早期的产品），2351~2450为1946年，2451~2550为1947年，2551~2750为1948年，2751~3000为1949年，3001~3500为1950年等等。从1960年即目录号7500起，该公司的首饰使用大写字母区分品种，例如B表示手链（Bracelet），E表示耳坠（Earrings），N表示项链（Necklace），P表示别针（Pin）等。

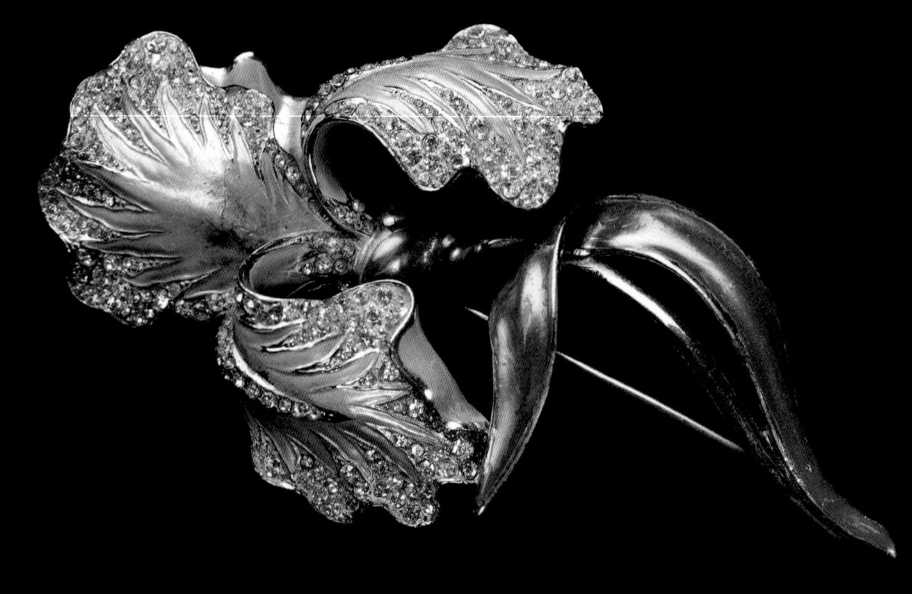

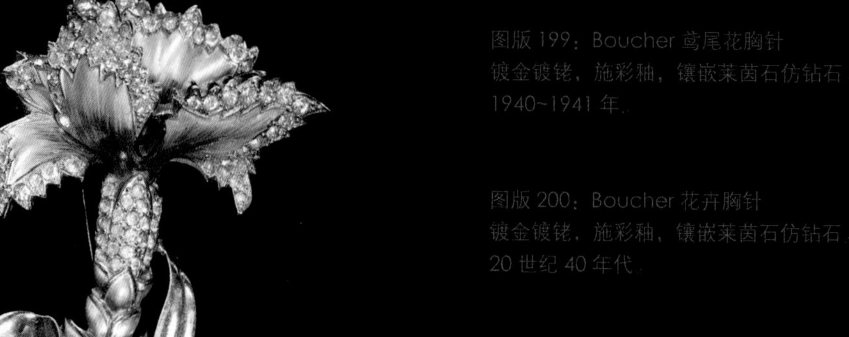

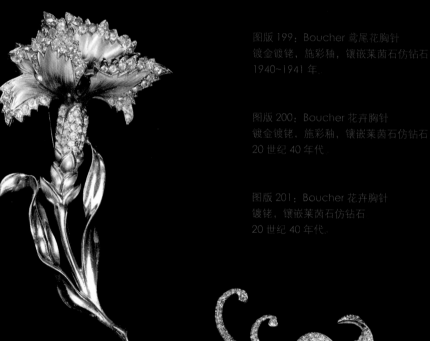

图版 199：Boucher 鸢尾花胸针
镀金镀铑，施彩釉，镶嵌莱茵石仿钻石。
1940~1941 年。

图版 200：Boucher 花卉胸针
镀金镀铑，施彩釉，镶嵌莱茵石仿钻石。
20 世纪 40 年代。

图版 201：Boucher 花卉胸针
镀铑，镶嵌莱茵石仿钻石
20 世纪 40 年代。

图版 202：Boucher 螳螂胸针
镀铑，镶嵌莱茵石仿钻石，
设计师：Marcel Boucher，
专利号：126900，虫系列，
1941 年。

图版 203：Boucher 雨燕胸针
镀铑，施彩釉，镶嵌莱茵石仿钻石。
设计师：Marcel Boucher。
专利号：129842，鸟系列。
1941 年

图版 204：Boucher 蚂蚱胸针
镀铑，施彩釉，镶嵌莱茵石仿钻石。
设计师：Marcel Boucher。
专利号：127015，虫系列。
1941 年。

图版 205：Boucher 爱情鸟巢胸针
镀铑，施彩釉，镶嵌莱茵石仿钻石仿珍珠，鸟系列。
20 世纪 40 年代。

图版 206：Boucher 爱情鸟巢胸针
镀铑，镶嵌莱茵石仿钻石仿珍珠，鸟系列
20 世纪 40 年代

图版 207：Boucher 琴鸟胸针
镀铑，镶嵌莱茵石仿钻石，鸟系列
1940~1941 年

图版 208：Boucher 扇形耳夹项链手链全套
镀金，镶嵌彩色柠檬色及透明色莱茵石。
编号：3093（耳夹）3162（项链）3195（手链）。
1950 年。

图版 209：Boucher 项链耳夹手镯
镀金，镶嵌玻璃仿红蓝绿宝石。
编号：5529（项链）5530（耳夹）5531（手镯）。
设计师：Marcel Boucher。
专利号：171273。
1953 年。

图版 210：Boucher 金鱼胸针
镀铑，施黄绿釉，镶嵌莱茵石仿钻石，鱼系列。
20 世纪 40 年代。

图版 211：Boucher 金鱼胸针
镀铑，施金红釉，鱼系列。
1941 年。

图版 212：Boucher 十字胸针
镀金，镶嵌彩色玻璃仿紫水晶蓝宝石。
编号：3482。
1950 年。

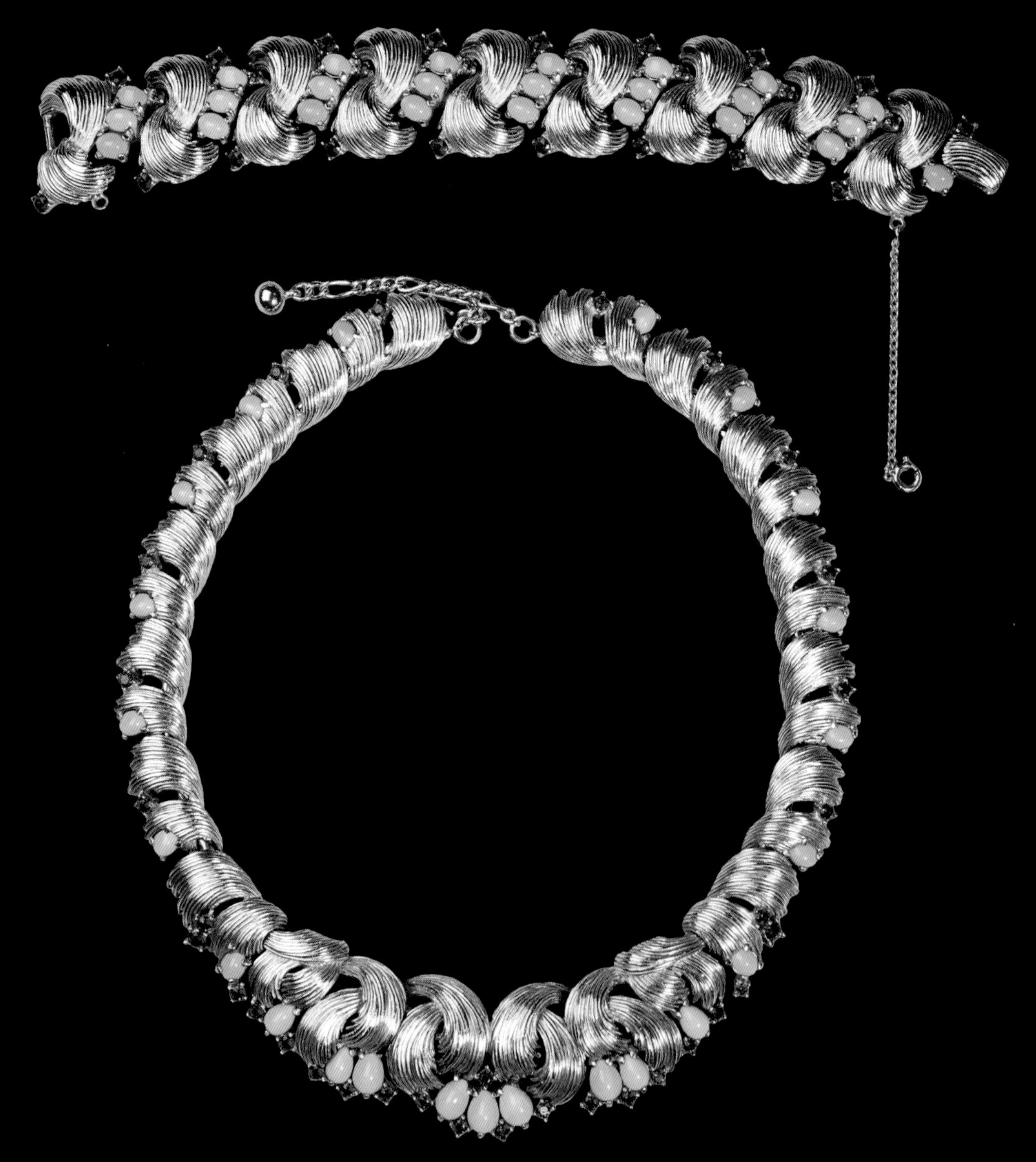

图版 213：Boucher 卷草纹项链手链
镀金，镶嵌彩色玻璃仿绿松石红宝石。
1955~1960 年。

图版 214：Boucher 飞鸟胸针
镀金，镶嵌莱茵石仿钻石祖母绿。
20 世纪 60 年代。

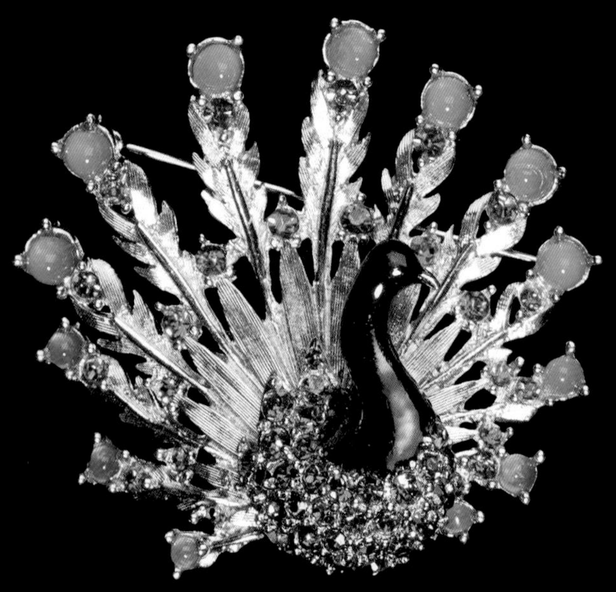

图版 215：Boucher 孔雀胸针耳夹
镀金，施彩釉，镶嵌莱茵石仿蓝绿宝石。
编号：8068P（胸针）8069E（耳夹）。
设计师：Sandra Boucher。
1960~1962 年。

Sherman：1941 年

Gustave Sherman 是加拿大最优秀的时装首饰设计师之一。他出生于一个富裕的法裔加拿大和犹太人家庭，1941 年开始在加拿大蒙特利尔生产高档、优质的时装首饰。Sherman 公司的特色产品有仿钻石的明亮橄榄切工首饰、北极霞光首饰、香槟黄和暹罗红宝石首饰以及变色的亚历山大石首饰。由于 Gustave Sherman 的私人

图版 216：Sherman 耳夹项链
高抛光镀铑，镶嵌长棱形双层施华洛世奇水晶仿钻石。

图版 217：Sherman 耳夹手链
高抛光镀铑，镶嵌卵形切割北极霞光水钻黑钻蓝钻。

朋友 Swarovski（施华洛世奇）为他提供了最优质的水晶，而且据说所用施华洛世奇水晶（水钻）的颜色有上千种之多，这使得 Sherman 首饰每一件都“璀璨夺目”。Sherman 首饰均采用一丝不苟的爪嵌，背板常使用高抛光镀铑、镀金、或黑漆，这使得材料本身结实、美观、耐用。Sherman 的时装首饰无愧于它标牌所宣称的 Jewels of Elegance（典雅的首饰）。

70 年代中期，料美工精的经营策略使得 Sherman 首饰的成本高企，这使它的产品不论是与 70 年代盛行的黄金珠宝首饰相比，还是与当时大量低成本制作的时装首饰相比，都很难有竞争力。Sherman 曾经尝试变换产品风格，又尝试经营珠宝首饰，但仍未能摆脱淘汰的命运，1981 年公司被迫关闭。

图版 218：Sherman 耳夹项链
高抛光镀铑，镶嵌莱茵石仿变色亚历山大石。

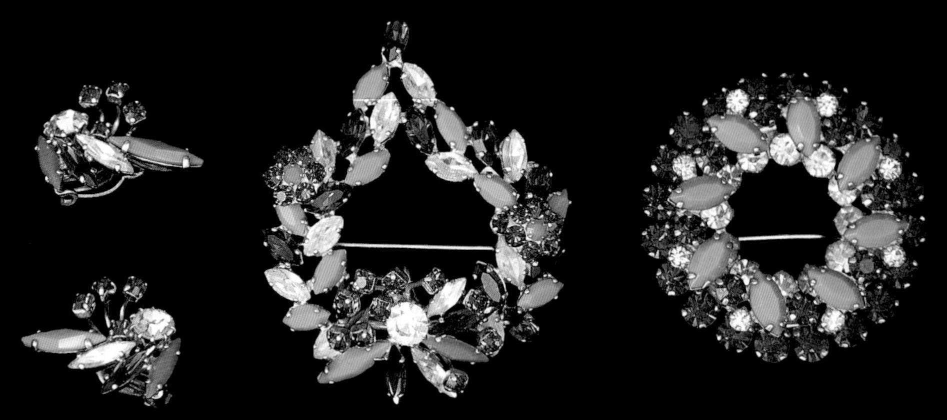

图版 219：Sherman 耳夹胸饰
镀金，镶嵌透明及粉色莱茵石仿钻石及翠。

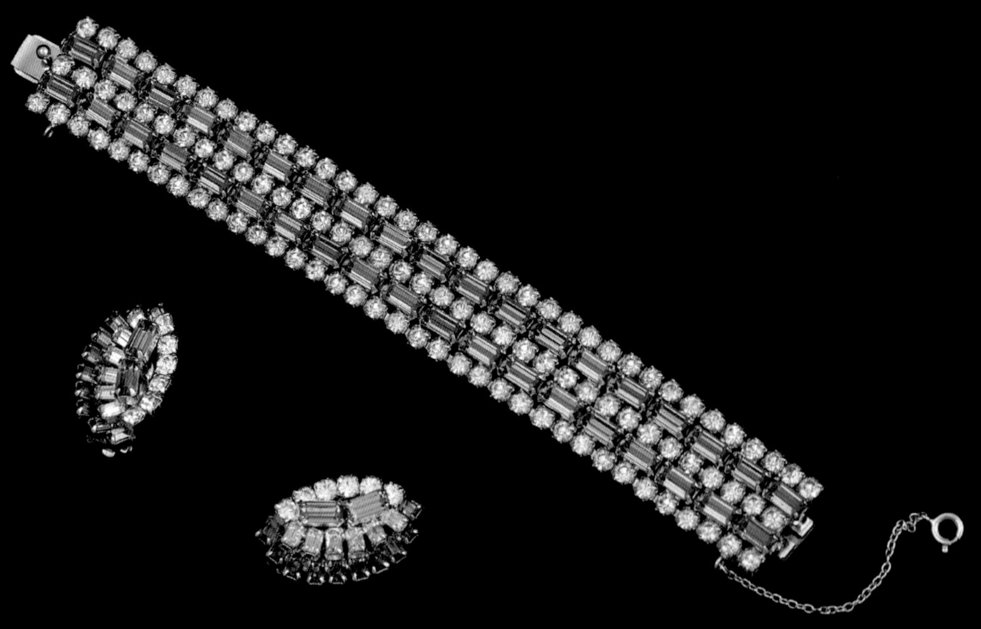

图版 220：Sherman 耳夹项链
高抛光镀铑，镶嵌方形棍形切割莱茵石仿烟晶石。

图版 221：Sherman 项链手链
高抛光镀铑，镶嵌北极霞光水钻。

图版 222：Sherman 各色胸饰及耳夹

图版 223：Sherman 耳夹项链胸饰全套
高抛光镀金，北极霞光水钻。

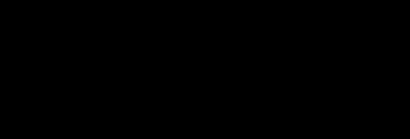

图版 224：Sherman 耳夹项链胸饰
镀金，镶嵌玻璃仿大理石。

图版 225：Sherman 金色印象派项链

Christian Dior：1946 年

Christian Dior 主要是一间时装公司。Christian Dior 于 1905 年出生在法国诺曼底海边城市一个富裕的工厂主家庭。他早年在父亲的资助下开设艺廊销售毕加索等艺术家的作品。随着母亲和兄弟的接连去世以及大萧条造成的家族生意的败落，1937 年，他不得不关闭了自己的艺廊，而受雇于时装设计师 Robert Piguet。Christian Dior 后来回忆说，Robert Piguet 教给他从简约中获得优雅的真谛。1946 年，Christian Dior 开设了自己的公司。虽然 Christian Dior 本人 1957 年因心脏病突然去世，但这家企业一直经营至今。Christian Dior 去世后，年仅 21 岁的徒弟 Yves Saint Laurent 被推举为首席设计师。Pierre Cardin 以及 Larry Vrba 都曾出任该公司的设计师。

Christian Dior 创立了引领一代风尚的"新风貌"风格。在整个 50 年代，Christian Dior 对时装设计领域有着极大的影响，吸引了像温莎公爵夫人和好莱坞明星等重要人物的关注，例如和 Bette Davis 和玛丽莲·梦露。

Christian Dior 称，他设计的首饰只是他所设计时装的一部分。花卉是其首饰设计的标志性题材。虽然 Christian Dior 的首饰大都由 Christian Dior 本人设计，但主要是由美国的 Kramer，英国的 Mitchel Maer 和德国的 Henkel & Grosse 生产的。

Kramer 公司由 Louis Kramer 于 1943 年开设于纽约并一直经营到 70 年代末。Kramer 公司在四五十年代非常著名，其首饰产品定位在高端，紧随时尚的变化，手工制作的仿真镀铑系列非常精美，大量使用充满活力的彩色水钻，例如辐射的红色、醒目的橙色、深邃的蓝色、发光的黄色等等，曾为 Christian Dior 公司制作了大量的首饰。

Mitchel Maer 30 年代从美国来到英国开创其时装首饰生意，其设计风格主要基于早期欧洲样式。该公司在 50 年代初期曾为 Christian Dior 公司制作了大量时装首饰，不幸的是，它早在 1956 年就倒闭了。

Henkel & Grosse 公司由 Heinrich Henkel 和 Florentin Grosse 于 1907 年在德国 Pforzheim（普福尔茨海姆）设立。这家公司最初为珠宝首饰商制作金托架，从 1953 年起为 Christian Dior 制作时装首饰。该公司在颜色搭配方面非常前卫，尤以仿金工艺最为出色，同行难以匹敌。这大概是被 Christian Dior 选择做首饰制作商的重要原因。

图版 226：Christian Dior 颤动花朵胸饰
镶嵌莱茵石仿钻石，可拆卸为两件：胸饰及领饰
设计师：Larry Vrba
1955 年

图版 227：Kramer 项链胸饰手链耳夹全套
镀铑，镶嵌莱茵石仿钻石祖母绿
20 世纪 50 年代

图版 228：Christian Dior 项链
银色基底，镶嵌施华洛世奇水晶仿钻石红宝蓝宝祖母绿海蓝宝，德国制造，
1969 年。

Coppola E Toppo：1946 年

20 世纪 40 年代晚期以来，时装首饰商能够身处欧洲仍能摆脱法国的影响实属不易，能够在强手如林的美国独树一帜则更加不易，Coppola E Toppo 就是这样一间极为卓越的时装首饰公司。1946 年，Lyda Toppo Coppola 与 Bruno Coppola 姐弟二人在米兰设立了自己的公司 Coppola E Toppo，合作设计、制作首饰。他们极具特性的首饰很快就吸引了 Schiaparelli（夏帕瑞丽）和 Christian Dior（克里斯汀·迪奥）的注意，从此订单不断，在市场上深受欢迎。Lyda Toppo 于 1972 年去世，而公司则在 1986 年关张。

Coppola E Toppo 引领了 50 年代末和 60 年代盛行的串珠首饰时尚。由于 Lyda Toppo 对于玻璃材料的推广特别擅长，在玻璃首饰方面的贡献巨大，Swarovski（施华洛世奇）在 1964 年任命她为公司的艺术顾问。Lyda Toppo 说："我的首饰制作需要大量的时间和精力，需要对大量的色调进行选择。当然，不是所有人都理解我的首饰，我从不模仿珠宝首饰。"虽然 Coppola E Toppo 是一家意大利米兰的时装首饰公司，但其产品绝大部分都出口到美国市场。对 Coppola E Toppo 首饰，美国人所欣赏的是其无穷的魅力与诙谐。80 年代，美国和欧洲再次发现 Coppola E Toppo 的价值并掀起了一股延续至今的收藏热潮。

图版 229：Coppola E Toppo 串珠项链
奥地利皇家蓝水晶玻璃仿海蓝宝石。
20 世纪 60 年代。

图版 230：Coppola E Toppo 串珠项圈及耳夹一对
奥地利渐变绿色水晶玻璃，细密编串，尺寸可调节，
1964 年。

David Andersen 与 Georg Jensen

严格地说，David Andersen 和 Georg Jensen 都不属于时装首饰，因为它们使用白银，而白银在斯堪的纳维亚国家属于奢侈的贵金属。它们在这里述及，仅仅作为与以美国为主的时装首饰的对比，要强调的是那种精致、严肃、简约的斯堪的纳维亚格调。

David Andersen 公司 1876 年成立于挪威。公司创始人 David Andersen 在 1901 年去世以后，由儿子 Arthur Andersen 接班。该公司尝试在黄金和白银首饰上施用珐琅彩，在市场上获得极大成功，致使彩釉首饰几乎成为公司的代名词。该公司的首饰极为细腻精致。Uni Andersen 是 David Andersen 的曾孙女，60~70 年代，她设计了现代风格的首饰，非常独特。

图版 231：David Andersen 树叶形耳夹项链
银鎏金，施绿珐琅釉。
设计师：Willy Winnaess。
20 世纪 50 年代。

图版 232：David Andersen 树叶形耳夹胸饰
银鎏金，施黄珐琅釉。
设计师：Willy Winnaess。
20 世纪 50 年代。

图版 233：David Andersen 胸饰
银，现代风格。
设计师：Uni Andersen。
1966 年。

Georg Jensen 于 1866 年出生在丹麦一个磨刀匠家庭，14 岁时他只身来到哥本哈根学艺，并于 1892 年完成皇家美术学院的学业。他早年的雕塑作品很受欢迎，但收入仍不足以维持丧妻的他和两个年幼孩子的生活。1904 年，他开始了首饰设计和经营。工艺方面的训练和艺术方面的教育，使得 Georg Jensen 得以将二者熟练地结合起来。不久以后，他具有 Art Nouveau 气息的首饰设计受到市场的热烈欢迎。20 年代末以前，Georg Jensen 公司相继在纽约、伦敦、巴黎、柏林和斯德哥尔摩开设了零售店。Georg Jensen 于 1935 年去世以后，他的设计理念和对质量的追求被公司继承下来。虽然他本人是 Art Nouveau 风格的积极倡导者，但他允许其他设计师自由表达自己的设计观念，这一气氛也被很好地继承下来，从而使他的公司在他去世以后仍然能够开拓设计领域，并经营延续至今。

图版 234：Georg Jensen 肾形耳夹
银，现代风格。
1950 年。

图版 235：Georg Jensen 牡蛎状胸饰
银。
设计师：Nanna & Jorgen Ditzel。
1956 年。

图版 236：Georg Jensen 项链
银刻花，镶嵌天然紫水晶。
1945 年

1950 年以后成立的几家重要的时装首饰公司

1950 年以后，很少再有重要的时装首饰商出现，而且它们的主业往往是时装而不是首饰。作为与早期时装首饰的对比，现将 1950 年以后出现的几家重要的时装首饰商简单介绍如下。

Givenchy 是法国著名的时装公司。Hubert de Givenchy 出身于法国一个充满艺术气息的贵族家庭。他早年在巴黎美术学校学习，后来曾为 Robert Piguet 和 Lucien Lelong 进行设计，1947~1951 年还曾为著名的时尚领袖夏帕瑞丽工作。1952 年，Hubert de Givenchy 在巴黎创立了自己的时装公司。与 Christian Dior 那种比较保守的设计相比，Givenchy 的时装比较富有创意，而其首饰主要基于传统的欧洲样式并且具有很强的 Art Deco 风格特征。该公司的首饰业务一直经营到 60 年代，而其他业务如女装、男装、香水等在 1981 年被分别出售。

图版 237：Givenchy 项链耳夹，
镶嵌莱茵石仿紫水晶祖母绿，镀金

Stanley Hagler 的设计生涯开始于一次大胆的尝试：为温莎公爵夫人设计一款“适合王后”佩戴的手链，结果深受温莎公爵夫人的喜爱。大概受此鼓舞，Stanley Hagler 遂于 1953 年创立了自己的时装首饰公司。Stanley Hagler 的首饰具有明显的节奏感、运动感和强烈的建筑性，无论从后还是从前看都具有装饰效果，其设计明显地受到 Miriam Haskell 影响，除了颜色更绚丽，对比更强烈外，外观实际上很类似。1996 年，随着 Stanley Hagler 去世，家族成员宣称公司的业务就此结束，尽管该公司原来的设计师以 Stanley Hagler 之名继续进行设计和销售。

图版 238：Stanley Hagler 耳夹项链
镀俄罗斯古董金丝串威尼斯玻璃珠仿绿松石，“蓝色礁湖”

图版 239：Stanley Hagler 耳夹胸针项链全套

镀俄罗斯古董金丝串粉色奥地利水晶仿珍珠，“永恒之爱”。

Har 这一品牌的历史，我们仅仅知道，德国后裔 Joseph Heibronner 与 Edith Levitt 于 1952 年在美国结婚，3 年后这对夫妻在纽约开设了时装首饰公司 Hargo Creations。公司标志 Har 很可能在 1955 至 1957 年之间开始使用，直至 1967 年，表明该公司存世最多只有 12 年。该公司的首饰产量很低，但设计极为出众。

图版 240：Har 眼镜蛇形项链手镯胸针耳夹全套
镶嵌莱茵石仿托帕石，镀金，施绿色珐琅彩。

Yves Saint Laurent（伊夫·圣罗兰）1936年出生于法属北非阿尔及利亚，17岁只身前往巴黎学习并在时装界脱颖而出。1962年，他成立了自己的公司“伊夫圣罗兰”，设计高级时装、香水、首饰、鞋帽、香烟、化妆品等。Yves Saint Laurent 有着敏锐而丰富的艺术灵感，他将艺术、文化、风俗等多元素概念融于设计中，既前卫又古典，在七八十年代达到了时尚的高峰。2002年，Yves Saint Laurent 宣布退休，告别了给了他荣耀也给了他痛苦的时尚圈。2008年6月1日，Yves Saint Laurent 这位时尚界大师级人物，在长年病痛折磨之后逝世于巴黎。

图版 241：YSL 飞鸟项链耳夹
镀金，此件作品是毕加索的女儿 Paloma Picasso 参照 Georges Braque 作品中的鸽子系列为伊夫圣罗兰设计的。

图版 242：KJL 垂花式围嘴项链
镶嵌莱茵石仿钻石，镀银。

Kenneth Jay Lane 先为 *Vogue* 杂志，后为 Christian Dior 工作。1963 年，正当时装首饰衰败之际，Kenneth Jay Lane 在纽约第五大道创立了自己的公司。Kenneth Jay Lane 首饰设计的灵感来源于埃及、罗马、东方、文艺复兴甚至中世纪风格，作品风格明快、大胆、奢华，色彩缤纷，反映了 60~70 年代的时代精神，也常常仿制像卡地亚这样高档珠宝品牌的古典设计，甚至对于珠宝首饰也进行恣意的诠释，设计出许多奇妙怪异的时装首饰。许多著名人物例如 Elizabeth Taylor（伊莉莎白・泰勒）、Audrey Hepburn（赫本）、Madonna Ciccone（麦当娜）、Wallis Simpson（温莎公爵夫人）都喜欢 Kenneth Jay Lane 设计的首饰。肯尼迪总统夫人经常佩戴 Kenneth Jay Lane 设计的假珍珠项链。里根总统夫人南希・里根和布什总统夫人芭芭拉・布什在总统就职典礼上佩戴的也是 Kenneth Jay Lane 设计的仿珍珠项链。芭芭拉・布什所佩戴的项链现在保存在华盛顿的史密斯学院。1996 年，Kenneth Jay Lane 撰写并出版了 Faking it 一书。2001 年，Christie's 在纽约举办了 Kenneth Jay Lane 首饰专场拍卖。

Bibliography

参考书目

Moore, D. Langley. *Fashion through Fashion Plates 1771~1970*. London: Ward Lock, 1971 (Moore, 1971)

Kelley, Lyngerda. *Plastic Jewelry*. Pennsylvania: Schiffer, 1987 (Kelley, 1987)

Scarisbrick, Diana. *The Jewelry Design Source Book*. London: Quarto, 1989 (Scarisbrick, 1989)

Cera, Deanna Farneti. *Jewels of Fantasy: Costume Jewelry of the 20th Century*. New York: Harry N. Abrams, 1991 (Cera, 1991)

Ball, Joanne Dubbs. *Jewelry of the Stars, Creations from Joseff of Hollywood*. Pennsylvania: Schiffer, 1991 (Ball, 1991)

Eleuteri, Lodovica Rizzoli. *Twentieth-Century Jewelry: Art Nouveau to Modern Design*. Milan & New York: Electa/ Abbeville, 1994 (Eleuteri, 1994)

Moro, Ginger. *European Designer Jewelry*. Atglen: Schiffer, 1995 (Moro, 1995)

Tolkien, Tracy & Wilkinson, Henrietta. *A Collector's Guide to Costume Jewelry*. Ontario: Firefly, 1997 (Tolkien, 1997)

Brunialti, Roberto. *American Costume Jewelry 1935~1950*. Milano: Mazzotta, 1997 (Brunialti, 1997)

Cera, Deanna Farneti. *The Jewels of Miriam Haskell*. Suffolk: Antique Collector's Club, 1997 (Cera, 1997)

Everitt, Sally & Lancaster, David. *Twentieth-Century Jewelry*. New York: Watson-Guptill, 2002 (Everitt, 2002)

Brown, Marcia. *Signed Beauty of Costume Jewelry*. Kentucky: Collector Books, 2002 (Brown, 2002)

Leshner, Leigh. *Vintage Jewelry: A Price and Identification Guide 1920~1940s*. Iola: Krause, 2002 (Leshner, 2002)

Brunialti, Roberto. *A Tribute to America: Costume Jewelry 1935~1950*. Milan: Edita, 2002 (Brunialti, 2002)

Price, Francesca. *Trifari: L'eleganza di uno stile nel Costume Jewelry americano*. Firenze: Edifir, 2002 (Price, 2002)

Mouillefarine, *Laurence. Luxe et Fantaisie, Bijoux de la Collection Barbara Berger*. Paris: Norma, 2003 (Mouillefarine, 2003)

Ettinger, Roseann. *40's and 50's Popular Jewelry*. Atglen: Schiffer, 2003 (Ettinger, 2003)

McCall, Georgiana. *Hattie Carnegie Jewelry, Her Life and Legacy*. Atglen:

Schiffer, 2005 (McCall, 2005)

Brown, Marcia. *Coro Jewelry, a Collector's Guide*. Kentucky: Collector Books, 2005 (Brown, 2005)

Duncan, Sherri R. *Jewels of Passion: Costume Jewelry Masterpieces*. Atglen: Schiffer, 2008 (Duncan, 2008)

Bell, C. Jeanenne. *Answers to Questions about Old Jewelry 1840~1959*. Iola: Krause Publications, 2008 (Bell, 2008)

Leshner, Leigh. *Vintage Jewelry: Identification and Price Guide*. Iola: Krause, 2008 (Leshner, 2008)

Brunialti, Roberto. *American Costume Jewelry: Art & Industry, 1935~1950*. Atglen: Schiffer, 2008 (Brunialti, 2008)

Phillips, Clare. *Jewels & Jewellery*. London: V&A Publishing, 2008 (Phillips, 2008)

Schiffer, Nancy N. *The Best of Costume Jewelry*. Atglen: Schiffer, 2008 (Schiffer, 2008)

Caldwell, Sandra etc. *Sherman Jewellery, the Masterpiece Collection*. Canada, 2008 (Caldwell, 2008)

Gordon, Cathy and Pamfiloff, Sheila. *Miriam Haskell Jewelry*. Atglen: Schiffer, 2009 (Gordon, 2009)

Re Rebaudengo, Patrizia Sandretto. *Gioielli Fantasia, Patrizia Sandretto Re Rebaudengo's Collection*. Torino: Silvana Editoriale, 2010 (Re Rebaudengo, 2010)

Miller, Judith. *Costume Jewellery*. London: Miller's, 2010 (Miller's, 2010)

Carroll, C. Julia. *Collecting Costume Jewelry* 202. Kentucky: Collector Books, 2010 (Carroll, 2010)

Ettinger, Roseann. *Popular Jewelry: 1840~1940*. Atglen: Schiffer, 2010 (Ettinger, 2010)

Cappellieri, Alba. *Twentieth-Century Jewellery: from Art Nouveau to Contemporary Design in Europe and the United States*. Milano: Skira, 2010 (Cappellieri, 2010)

Vega, Alice. *Monet, the Master Jewelers*. Atglen: Schiffer, 2011 (Vega, 2011)

Mangan, Joanna. *Hidden Gems: Lost Hollywood Jewelry Trove Uncovered in Burbank Warehouse*. www.collectorsweekly.com, March 7th, 2012 (Mangan, 2012)

Postscript

后 记

16 岁时，小施华洛世奇被老施华洛世奇问到将来做什么。小施华洛世奇知道父亲为什么问这个问题，直率地回答说：“我肯定不去做首饰。”这一回答显然使父亲十分失望，因为父亲一直以首饰为生。父亲又问小施华洛世奇为什么这么抗拒首饰。小施华洛世奇回答说：“首饰仅仅为满足女人的虚荣心，而我无意于鼓励这一人性弱点，更无意于其商业开发。”然而，几年以后小施华洛世奇的想法发生了彻底的变化。因为考古发掘使小施华洛世奇发现，古人不仅将食物和武器摆放在墓前，而且也会摆放首饰。小施华洛世奇领悟到，几千年来，人类像重视捕食、自卫那样重视装饰，这种现象时至今日仍可见于原始部落。想想生活在自然状态中的人类被多少美丽的植物和动物所包围，再看看动物世界那些华丽的羽毛，我们就不难理解，人类从文明之初就开始了对美丽的模仿。雄性动物身上华丽的装扮和绚烂的色彩似乎与地球上的动物种群仅仅出于物竞天择而得以幸存的科学理论相冲突。在物竞天择的过程中一定存在某种力量，这种力量不仅与功能而且与美丽有关。对于我们来说，这意味着我们不能将自己的生活仅仅局限于实用性，像自然界一样，我们也应该给美丽以地位并且追求美丽。这不仅指我们的衣装或首饰，而且也包括我们生活的环境。我们每个人都有能力营造美的享受。我们越能发展对美的欣赏，越能为他人添加美感，我们大家的生活和社会才能越丰富而惬意。

小施华洛世奇在去世前不久讲到的这段故事和感受很好地诠释了我们写作本书的目的。在一个成衣的时代，首饰几乎是唯一可以美化自己、彰显个性的工具。香奈儿曾说："我不明白为什么女人可以一点都不装扮自己就出门。哪怕仅仅是出于礼貌的考虑！你从来都不会知道，也许这一天你和命运之神有个约会，而为了命运之神你应该越美越好。"英国伦敦维多利亚与阿尔伯特博物馆首饰展厅的前言也深情地说："首饰装饰并保护佩戴者的生命之旅。"让我们理解首饰、欣赏首饰、热爱首饰、佩戴首饰吧！

设计永远是首饰的灵魂和价值所在，无论时装首饰还是珠宝首饰都是如此。如果热爱首饰的读者通过阅读此书能获得对时装首饰粗浅的理解并且能够在林林总总的首饰中发现那些有创意的、美丽的设计，我们则深感欣慰；如果中国的首饰设计师们能从本书中汲取创作的启发和灵感，发现人类装饰艺术历史的真谛："It's all about design"！我们将倍感欣慰。是为后记。